U0581874

世界奶业生产贸易和消费现状及趋势研究

SHIJIE NAIYE SHENGCHAN MAOYI HE
XIAOFEI XIANZHUANG JI QUSHI YANJIU

马　莹◎主编

中国农业出版社
北　京

图书在版编目（CIP）数据

世界奶业生产贸易和消费现状及趋势研究 / 马莹主编. —北京：中国农业出版社，2022.12
ISBN 978-7-109-29797-5

Ⅰ.①世… Ⅱ.①马… Ⅲ.①乳品工业－经济发展－研究－世界 Ⅳ.①F416.82

中国版本图书馆 CIP 数据核字（2022）第 141212 号

中国农业出版社出版

地址：北京市朝阳区麦子店街 18 号楼
邮编：100125
责任编辑：周益平
版式设计：杨　婧　责任校对：吴丽婷
印刷：北京中兴印刷有限公司
版次：2022 年 12 月第 1 版
印次：2022 年 12 月北京第 1 次印刷
发行：新华书店北京发行所
开本：700mm×1000mm　1/16
印张：9.75
字数：190 千字
定价：58.00 元

世界奶业生产贸易和消费现状及趋势研究

编 委 会

序

　　一直对奶业有种特殊的情感，源于 2008 年三聚氰胺事件开始到 2018 年，我在原农业部奶业管理办公室的十年工作经历。这十年，我亲身经历了中国奶业从哀鸿遍野到自信绽放的艰辛历程，而这十年正是我职业生涯的跨越期，全身心地投入使我与中国奶业"荣辱与共"。

　　近年来，中国奶业发展的良好态势令行业同仁振奋和欣喜。2018 年，国务院办公厅印发《关于推进奶业振兴保障乳品质量安全的意见》，成为推动中国奶业高质量发展的强大引擎。2020 年全国奶类产量突破 3 500 万吨，位居世界第五，奶牛规模化养殖比重和泌乳牛单产水平进入世界奶业第一梯队，生鲜乳质量达到奶业发达国家水平，乳制品抽检合格率连续多年位居食品行业前列，国产奶正用世界级的品质赢得消费者的信任。

　　当前中国正经历百年未有之大变局，世界秩序革故鼎新，中国走近世界舞台中心，受到世界各国的关注。中国奶业是受国际贸易影响较大的产业之一，若想在握好自己"奶瓶子"的同时，持续提升国产奶的竞争力，并以多样化和优良品质的奶制品满足人们对美好生活的向往，就要客观分析奶业发达国家的奶业发展趋势和特点，并借鉴其经验，调整优化国内奶业产业政策，加快构建新发展格局，推进中国奶业在良性发展的轨道上持续高质量发展。

　　2018 年以来，虽然不再直接从事奶业的工作，但对奶业总是情有独钟，也还在想能为奶业做点什么。"它山之石可以攻玉"，在以前同事的帮助下，积累了近些年美国等奶业发达国家奶业从养殖、加工、贸易到消费整个产业链条的数据，并分析其趋势和特点，整理成此书，以期对各位同行有所借鉴。

由于才疏学浅，书中难免有疏漏错误之处，敬请批评指正。

摘 要

据统计，2020 年，世界奶类产量 8.81 亿吨，同比增长 2.0%，其中牛奶产量 7.14 亿吨，同比增长 2.5%，占世界奶类产量的 81.1%；世界人均奶类消费量为 113.1 千克。根据国家统计局和海关总署数据，中国的乳制品进出口量折合为原奶当量，2020 年中国奶类供给量为 5 275.8 万吨，同比增长 7.6%。其中，国内奶类产量 3 529.6 万吨，同比增长 7.0%；乳制品净进口量折合原奶当量为 1 746.2 万吨，同比增长 8.8%。2020 年中国的人均奶类消费量为 37.4 千克，同比增长 7.5%，仅相当于世界人均奶类消费量的 33.0%。奶类是中国肉蛋奶三大畜产品中人均消费量与世界平均水平差距最大的产品。由此可见，中国奶类消费仍有较大的增长空间。未来 10 年，世界奶类产量预计将以每年 1.7% 的速度递增，2030 年世界奶类产量将超过 10.2 亿吨。印度和巴基斯坦将是世界奶类产量重要的增长区域；传统的奶类主产区，如欧盟、美国、新西兰、澳大利亚等，将在环保和动物福利等的压力下，开始可持续发展模式，主要的措施是降低奶牛存栏数量，通过饲喂优质牧草、提升管理水平和遗传改良等途径，提高单产水平和奶类干物质含量。亚洲和非洲的奶业发展，将通过增加奶牛存栏和提高单产水平两措并举的方式实现增长。

2020 年，世界主要乳制品出口贸易量折合原奶当量为 5 915 万吨，相当于世界奶类产量的 9.4%；世界主要乳制品的出口贸易量为 907.8 万吨，包括奶酪 276.6 万吨、全脂奶粉 275.2 万吨、脱脂奶粉 256.6 万吨以及黄油 99.5 万吨。新西兰、欧盟和美国是世界前三的主要乳制品出口国家和地区，合计占世界主要乳制品出口贸易量的 69.1%。其中，欧盟和美国是世界最主要的奶酪出口地区和国家，占世界奶酪出口贸易量的比例分别为 34.1% 和 12.8%；欧盟和美国也是脱脂奶粉主要的出口地区和国家，占世界脱脂奶粉出口贸易量的比例分别为 32.3% 和 31.6%；新西兰和欧盟则是黄油和全脂奶粉最主要的出口国家和地区，占世界黄油出口贸易量的比例分别为 47.4% 和 24.8%，占世界全脂奶粉出口贸易量的比例分别为 55.7% 和 12.1%。未来 10 年，主要乳制品出口贸易量将保持稳定，占世界主要乳制品产量9%左右。主要乳制品出口贸易量仍将集中在欧盟、美国和新西兰等国家，中国、日本、俄罗斯等是最主要的进口国，东南亚、非洲等国家随着收入的增长，主要乳制品消费需求不断增加，主要依靠进口满足国内消费需求增长。

人均奶类消费量的区域化差异极大。从五大洲的人均奶类消费量来看，大洋洲、欧洲和美洲排名前三，与亚洲和非洲存在很大差异；从亚洲五大区域的人均奶类消费量来看，中亚、南亚和西亚要明显高于东亚和东南亚地区；从各国家和地区的人均奶类消费量来看，人均奶类消费量排名前十的国家中，有9个来自欧洲，来自中亚地区的哈萨克斯坦仅排第九位。而在人均奶类消费量最少的10个国家中，有6个非洲国家和4个亚洲国家。根据联合国粮农组织数据，截止到2018年，有4个国家的人均奶类消费量超过300千克，分别是黑山、爱尔兰、芬兰和阿尔巴尼亚；低于3千克的国家有10个，全部来自亚洲和非洲，其中菲律宾的人均奶类消费量不足1千克。

通过对奶类消费传统习惯的分析、研究，有助于我们客观地理解当今世界奶类消费格局形成的复杂背景。人类选择奶类作为常规食品是在多重因素共同影响下的结果，包括人类历史的沿革、农牧业的起源和发展、气候和生存环境的变化、人体的营养和健康需要、饮食文化和社会伦理，以及自然选择下人体机能的进化演变。除了自然环境等外部因素的影响之外，形成以奶为食习惯背后的生物学原因主要是人体内乳糖酶续存性，该性状可以遗传。早期拥有乳糖酶续存性的人群通常是牧民，如今乳糖酶续存性在欧洲、西亚等地区的人群中已是极为普遍，非洲和中东有少数人群也是如此。但在其他地区的人群中，乳糖酶续存性相对罕见。最早农业文明起源区域的人群以及乳糖酶缺乏的人群，基本都没有形成以奶为食的传统习惯，这些人群多分布在人均奶类消费量较低的地区。而人均奶类消费量较高地区的人群，则普遍乳糖酶续存性比例较高，如北欧国家人均奶类消费量都在300千克左右，同时北欧地区超过90%的人体内具有乳糖酶续存性。

从欧美等国家的乳制品消费趋势来看，消费者对健康关注度逐渐提高。未来酸奶、奶酪和脱脂乳制品的消费量持续增长；黄油的消费量基本维持不变；全脂乳制品、传统冰激凌消费量持续下降；新兴的植物类乳制品，如椰奶、豆奶和杏仁奶等产品大量推向市场，迎合消费者对于健康、环保和动物福利更加关注的需求。短期内，这些替代产品不会对传统乳制品市场造成冲击，而是被消费者作为消费增量和必要补充品，与传统乳制品共存。新冠疫情的暴发，在一定程度上改变了消费者的消费行为和消费需求。居家办公促使家庭消费产品从包装到规格和功能等方面都进行了改进，产品销售更多地通过电商平台等渠道完成。与此同时，各国政府也先后出台财政和市场政策，保护奶农利益，维持基本产能和供应能力，保护乳制品市场秩序，共同抵抗疫情的冲击。

中国的奶类产量2020—2021年取得7.0%以上的增长率，主要的驱动因素包括：乳制品质量大幅度提升、消费者对国产乳制品的信任度提升、优质牧草和科学的饲喂技术提升了奶牛单产水平；规模化奶牛场建设显成效、新增产能稳定；乳品企业健康成长，更加关注环境和动物福利，在产业可持续发展方面进行尝试。针对中国人普遍存在的乳糖酶缺乏的问题，国内乳制品企业应大力研发低乳糖产品，包括传统乳制品奶酪和酸奶，或是通过外源性摄入乳糖酶帮助消化吸收乳糖，这也是提高我国乳制品消费量的重要途径。未来中国的奶类产量仍将实现持续增长，预计2030年奶类产量或将达到4 500万吨以上，乳制品进口量小幅下降，奶源自给率达到70%，人均奶类消费量达到45千克左右。

目 录

图 目 录

表 目 录

第1章 绪 论

1.1 数据与信息来源

本研究中使用的数据和信息主要来自国家统计局、海关总署、农业农村部、联合国粮食及农业组织（Food and Agriculture Organization of the United Nations，FAO）、美国农业部（United States Department of Agriculture，USDA）、国际乳品联合会（International Dairy Federation，IDF）。部分信息参考欧盟委员会农业和农村发展项目、世界银行以及中国奶业协会、戴瑞咨询等国内外机构。由于数据来源、发布时间、涵盖范围等均有不同，本报告在使用有关数据时采取了如下方法：

（1）国家统计局最新公布第三次农业普查结果，并修订了2007—2017年的畜产品产量数据，而联合国粮农组织的数据尚未根据国家统计局第三次农业普查数据进行修订。本文在独立分析我国奶业发展问题时，采用了最新的国家统计局数据。

（2）联合国粮农组织的数据库更新较慢，目前世界奶类产量的分国别统计数据只更新到2019年（2020年只有部分主产国产量数据和世界产量预测数据），乳制品贸易数据只更新到2019年，食品消费数据只更新到2018年。其中，奶类产量细分到牛奶产量、水牛奶产量、山羊奶产量、绵羊奶产量和骆驼奶产量，但这些细分数据系联合国粮农组织的测算数据，与国家统计局公布的数据出入较大。联合国粮农组织数据库的优势是涵盖了联合国185个成员国的产量、贸易、消费数据，可以作为分析世界奶业生产、贸易和消费的基础。

（3）美国农业部数据库，主要是PSD（Production, Supply and Distribution Database）数据库，针对17个国家和地区的奶业生产、贸易和消费的发展趋势研究报告，重点是分国别的数据和平衡表，更新速度很快，存在的问题是未能涵盖所有国家和所有乳制品。这17个国家和地区分别是：印度、欧盟（28国）、美国、中国、俄罗斯、巴西、新西兰、墨西哥、阿根廷、乌克兰、加拿大、澳大利亚、白俄罗斯、日本、韩国、菲律宾、中国台湾地区。根据联合国粮农组织的统计数据，2019年上述17个国家和地区的奶类产量占世界奶类产量的74%；巴基斯坦的原奶产量达到5 596万吨，位居印度、欧盟和美国之后，排名世界第四位。但在美国农业部统计的 17 个国家和地区中并没有包括巴基斯坦，因此，在进行世界主要奶业生产国分析时，将巴基斯坦纳入其中，使用联合国粮农组织的数据。

（4）对比联合国粮农组织数据库和美国农业部数据库，前者涵盖了世界185 个国家和地区的奶业数据，包括奶类产量、进出口贸易量，且细分成牛奶、水牛奶、山羊奶、绵羊奶和骆驼奶，数据更新相对滞后；后者只包括17 个国家和地区的奶业数据，但包含奶类产量、进出口贸易量、国内消费量和用于液态奶及干乳制品加工的奶类产量等数据的产业平衡表，且更新及时，缺点是没有其他国家的数据及世界奶类产量数据，产品种类只分为牛奶及其他奶类，乳制品数据只有奶酪、黄油、全脂奶粉、脱脂奶粉四类。

（5）在联合国粮农组织数据库和美国农业部数据库中，中国奶类产量数据不一致。其中，美国农业部的数据更接近于国家统计局公布的数据，联合国粮农组织的数据长期以来都是远远大于国家统计局的数据。联合国粮农组织公布的 2019 年中国奶类产量为 3 634.7 万吨，其中牛奶产量 3 201.2 万吨，水牛奶产量 292.8 万吨，山羊奶产量 22.3 万吨，绵羊奶产量 116.6 万吨，骆驼奶产量 1.7 万吨。美国农业部数据库的中国奶类产量为 3 297.6 万吨，其中牛奶产量 3 201.2 万吨，其他奶类产量 96.4 万吨。农业农村部、国家统计局等公布的 2019 年全国奶类产量为 3 297.6 万吨，其中牛奶产量 3 201.2 万吨，其他奶类产量 96.4 万吨。可以看出，美国农业部数据库的中国奶类产量、牛奶产量、其他奶类产量数据均与农业农村部、国家统计局等公布的数据一致。但从牛奶产量数据来看，联合国粮农组织也与国家统计局公布的数据一致，也就是联合国粮农组织采用了中国国家统计局的牛奶产量数据。同时，联合国粮农组织采用插值法估计了中国的其他奶类产量（包括水牛奶、山羊奶、绵羊奶、骆驼奶），导致中国的奶类产量数据比国家统计局公布的奶类产量数据高 10%。除了中国的数据之外，联合国粮农组织数据库中欧盟、巴西、乌克兰等主要奶业生产国和地区的奶类产量数据也高于其在美国农业部数据库中的奶类产量数据。

（6）由于统计范围不同，联合国粮农组织数据库和美国农业部数据库中的乳制品进出口贸易量的数据存在较大差异。美国农业部统计的 17 个国家和地区中，欧盟的乳制品进出口贸易量不包括欧盟成员国之间的贸易量，而联合国粮农组织统计的是所有成员国之间的贸易量，欧盟的乳制品进出口贸易量、包含了欧盟成员国之间的贸易量。因此，联合国粮农组织统计的乳制品进出口贸易量数据显著大于美国农业部统计的欧盟乳制品进出口贸易量。我们在参考其他文献中发现，更多的是以欧盟为一个整体来分析奶类产量和乳制品国际贸易形势。因此，本研究将欧盟作为一个整体，采用美国农业部统计的欧盟乳制品进出口贸易量。本研究的主要研究内容是 2020 年及之前的世界奶业发展状况，欧盟的数据仍然是按 28 个成员国统计。

（7）关于人均奶类消费量，本研究采用的是人均奶类表观消费量的计算方法。即：

人均奶类消费量（或人均奶类表观消费量）＝（国内奶类产量＋奶类进口量－奶类出口量）/人口数量

其中，奶类进口量和奶类出口量是根据不同乳制品生产过程中使用原奶的比例分别折合成为原奶当量。美国农业部的数据，采用了将多种乳制品直接相加的统计方法，没有考虑根据不同比例将干乳制品进出口贸易量折合成为原奶当量的方法。本研究采用将所有乳制品的进出口贸易量全部折合成为原奶当量的方法，并以此计算中国的人均奶类消费量。因此，使用联合国粮农组织数据库和美国农业部数据库中的数据计算出来中国人均奶类消费量，均低于本研究在独立分析中国奶业现状和发展趋势的章节中使用的人均奶类消费量数据。

综合以上问题，本研究中对相关数据采取了以下方法进行校正和处理：

①奶类产量（包括牛奶产量和其他奶类产量）。以联合国粮农组织数据库为基础，首先采用国家统计局公布数据更新中国奶类产量数据；其次使用美国农业部数据库中除中国之外 16 个国家和地区的奶类产量数据更新联合国粮农组织数据库中相应国家和地区的奶类产量数据；最后合计成为世界奶类产量。

②乳制品进出口贸易量。首先使用海关总署公布数据更新联合国粮农组织数据库中的主要乳制品进出口贸易量数据；其次使用美国农业部数据库中除中国之外 16 个国家和地区的主要乳制品进出口贸易量数据，更新联合国粮农组织数据库中相应国家和地区的主要乳制品进出口贸易量数据；最后合计成为世界主要乳制品进出口贸易量数据。本报告重点分析奶酪、黄油、脱脂奶粉、全脂奶粉四类主要乳制品的进出口贸易情况。

③奶类消费的数据。目前最全面和详尽的数据来自联合国粮农组织（FAO），但只更新到 2018 年。联合国粮农组织（FAO）的奶类消费数据是用国内产量加上干乳制品的净进口量计算的（第一算法），并未将乳制品折合为原奶当量；据此计算，2020 年中国人均奶类消费量为 27.3 千克。采用将乳制品净进口量按产品分类折合为原奶当量的计算方式（第二算法），2020 年中国人均奶类消费量为 37.4 千克。通过第一算法得到 2020 年中国人均奶类消费量比第二算法的结果要低 27.0%。为了与其他国家/地区进行对比，我们没有对此进行修正；但在分析中国奶类消费时，我们使用了第二算法的计算结果。

④乳制品进出口贸易量折合成原奶当量的计算方法。本研究中采用了联合

国粮农组织（FAO）、国际乳品联合会（IDF）公布的乳制品折算方法，最终采用以下的比例将乳制品进出口贸易量折合为原奶当量、黄油 6.6、奶油 3.6、奶粉 7.6、奶酪 4.4、全脂液态奶 1、脱脂液态奶 0.7、酸奶 1、酪蛋白 7.4、乳清粉 7.6、炼乳 2.1。

1.2　关键词说明

(1) 奶类产量

奶类产量：包括牛奶产量和其他奶类两部分。

其他奶类产量：除了牛奶产量之外的其他奶类产量，包括水牛奶、山羊奶、绵羊奶、骆驼奶、牦牛奶等。

(2) 主要乳制品

主要乳制品：包括奶酪、黄油、全脂奶粉和脱脂奶粉四类。

(3) 人均奶类消费量

人均奶类消费量＝［奶类产量＋乳制品净进口量（原奶当量）］/ 人口数量

乳制品净进口量（原奶当量）＝乳制品进口量（原奶当量）－乳制品出口量（原奶当量）

(4) 人均乳制品消费量

人均乳制品消费量＝（乳制品产量＋乳制品净进口量）/ 人口数量

乳制品净进口量＝乳制品进口量－乳制品出口量

(5) 奶类供应量

奶类供应量＝国内供应量＋乳制品进口量（原奶当量）

国内供应量＝奶类产量－乳制品出口量（原奶当量）

1.3　名词解释[①]

(1) 巴氏杀菌乳

巴氏杀菌乳（Pasteurized milk）：仅以生牛（羊）乳为原料，经巴氏杀菌等工序制得的液体产品。

(2) 杀菌乳

杀菌乳（ESL 乳）：是指以生牛（羊）乳为原料，在连续流动的状态下，加热至 100～132℃ 并保持 1～20 秒的杀菌工艺生产制得的液体产品。产品应在 2～6℃ 条件下冷藏贮存。该标准为安徽新希望白帝乳业有限公司企业标准，

---

　① 解释内容来自相应产品的国家标准和农业行业标准。

标准实施日期为 2021 年 6 月 1 日,废止日期为 2024 年 5 月 25 日。

(3) 灭菌乳

超高温灭菌乳(Ultra high-temperature milk):以生牛(羊)乳为原料,添加或不添加复原乳,在连续流动的状态下,加热到至少 132℃并保持很短时间的灭菌,再经无菌灌装等工序制成的液体产品。

保持灭菌乳(Retort sterilized milk):以生牛(羊)乳为原料,添加或不添加复原乳,无论是否经过预热处理,在灌装并密封之后经灭菌等工序制成的液体产品。

(4) 调制乳

调制乳(Modified milk):以不低于 80％的生牛(羊)乳或复原乳为主要原料,添加其他原料或食品添加剂或营养强化剂,采用适当的杀菌或灭菌等工艺制成的液体产品。

(5) 发酵乳、酸乳

发酵乳(Fermented milk):以生牛(羊)乳或乳粉为原料,经杀菌、发酵后制成的 pH 降低的产品。

酸乳(Yoghurt):以生牛(羊)乳或乳粉为原料,经杀菌、接种嗜热链球菌和保加利亚乳杆菌(德氏乳杆菌保加利亚亚种)发酵制成的产品。

风味发酵乳(Flavored fermented milk):以 80％以上生牛(羊)乳或乳粉为原料,添加其他原料,经杀菌、发酵后 pH 降低,发酵前或后添加或不添加食品添加剂、营养强化剂、果蔬、谷物等制成的产品。

风味酸乳(Flavored yoghurt):以 80％以上生牛(羊)乳或乳粉为原料,添加其他原料,经杀菌、接种嗜热链球菌和保加利亚乳杆菌(德氏乳杆菌保加利亚亚种)发酵前或后添加或不添加食品添加剂、营养强化剂、果蔬、谷物等制成的产品。

(6) 调味奶

甜奶:以牛(羊)乳或复原乳为主料,添加蔗糖,经巴氏杀菌或灭菌制成的液体乳制品。

可可奶(或巧克力奶):以牛(羊)乳或复原乳为主料,添加可可及蔗糖,经巴氏杀菌或灭菌制成的液体乳制品。

咖啡奶:以牛(羊)乳或复原乳为主料,添加咖啡及蔗糖,经巴氏杀菌或灭菌制成的液体乳制品。

果味奶:以牛(羊)乳或复原乳为主料,添加果汁、果味香精等辅料后,经巴氏杀菌或灭菌制成的液体乳制品。

果汁奶:以牛(羊)乳或复原乳为主料,添加果汁后,经巴氏杀菌或灭菌制成的液体乳制品。

（7）AD 钙奶

AD 钙奶（Vitamin A，D calcium enriched milk）：以富钙牛（羊）乳或复原乳为主料，添加维生素 A、D，经巴氏杀菌或灭菌制成的液体乳制品。

维生素 AD 奶：以牛（羊）乳或复原乳为主料，添加维生素 A、D，经巴氏杀菌或灭菌制成的液体乳制品。

钙奶：以富钙牛（羊）乳或复原乳为原料，经巴氏杀菌或灭菌制成的液体乳制品。

维生素 D 钙奶：以富钙牛（羊）乳或复原乳为主料，添加维生素 D，经巴氏杀菌或灭菌制成的液体乳制品。

（8）乳粉

乳粉：以生牛（羊）乳为原料，经加工制成的粉状产品。

调制乳粉：以生牛（羊）乳或其加工制品为主要原料，添加其他原料，添加或不添加食品添加剂和营养强化剂，经加工制成的乳固体含量不低于 70% 的粉状产品。

（9）婴儿配方食品

乳基婴儿配方食品：指以乳类及乳蛋白制品为主要原料，加入适量的维生素、矿物质和/或其他成分，仅用物理方法生产加工制成的液态或粉状产品。适于正常婴儿食用，其能量和营养成分能够满足 0～6 月龄婴儿的正常营养需要。

较大婴儿（6～12 月龄）和幼儿（12～36 月龄）配方食品（Older infants and young children formula）：以乳类及乳蛋白制品和/或大豆及大豆蛋白制品为主要原料，加入适量的维生素、矿物质和/或其他辅料，仅用物理方法生产加工制成的液态或粉状产品，适用于较大婴儿和幼儿食用，其营养成分能满足正常较大婴儿和幼儿的部分营养需要。

（10）炼乳

淡炼乳（Evaporated milk）：以生乳和（或）乳制品为原料，添加或不添加食品添加剂和营养强化剂，经加工制成的黏稠状产品。

加糖炼乳（Sweetened condensed milk）：以生乳和（或）乳制品、食糖为原料，添加或不添加食品添加剂和营养强化剂，经加工制成的黏稠状产品。

调制炼乳（Formulated condensed milk）：以生乳和（或）乳制品为主料，添加或不添加食糖、食品添加剂和营养强化剂，添加辅料，经加工制成的黏稠状产品。

（11）干酪

干酪（Cheese）：成熟或未成熟的软质、半硬质、硬质或特硬质、可有包衣的乳制品，其中乳清蛋白/酪蛋白的比例不超过牛（或其他奶畜）乳中的相应比例（乳清干酪除外）。

干酪由下述任一方法获得：

a）乳和/或乳制品中的蛋白质在凝乳酶或其他适当的凝乳剂的作用下凝固或部分凝固后（或直接使用凝乳后的凝乳块为原料），添加或不添加发酵菌种、食用盐、食品添加剂、食品营养强化剂，排出或不排出（以凝乳后的蛋白质凝块为原料时）乳清，经发酵或不发酵等工序制得的固态或半固态产品。

b）加工工艺中包含乳和（或）乳制品中蛋白质的凝固过程，并赋予成品与a）所描述产品类似的物理、化学和感官特性。

注：工艺a）和b）均可以添加有特定风味的其他食品原料（添加量不超过8%），如白砂糖、大蒜、辣椒等；所得固态产品可加工为多种形态，且可以添加其他食品原料（添加量不超过8%）防止产品粘连。有特定风味的其他食品原料和防止产品粘连的其他食品原料总量不超过8%。

成熟干酪（Ripened cheese）：生产后不能马上使（食）用，应在特定的温度等条件下存放一定时间，以通过生化和物理变化产生该类产品特性的干酪。

霉菌成熟干酪（Mould ripened cheese）：主要通过干酪内部和（或）表面的特征霉菌生长而促进其成熟的干酪。

未成熟干酪（Unripened cheese）：未成熟干酪（包括新鲜干酪）是指生产后不久即可使（食）用的干酪。

（12）再制干酪

再制干酪［Process（ed）cheese］：以干酪（比例大于15%）为主要原料，加入乳化盐，添加或不添加其他原料，经加热、搅拌、乳化等工艺制成的产品。

（13）乳清粉和乳清蛋白粉

乳清（Whey）：以生乳为原料，采用凝乳酶、酸化或膜过滤等方式生产奶酪、酪蛋白及其他类似制品时，将凝乳块分离后而得到的液体。

乳清粉（Whey powder）：以乳清为原料，经干燥制成的粉末状产品。

脱盐乳清粉（Demineralized whey powder）：以乳清为原料，经脱盐、干燥制成的粉末状产品。

非脱盐乳清粉（Non-demineralized whey powder）：以乳清为原料，不经脱盐，经干燥制成的粉末状产品。

乳清蛋白粉（Whey protein powder）：以乳清为原料，经分离、浓缩、干燥等工艺制成的蛋白含量不低于25%的粉末状产品。

（14）稀奶油、奶油和无水奶油

稀奶油（Cream）：以乳为原料，分离出的含脂肪的部分，添加或不添加其他原料、食品添加剂和营养强化剂，经加工制成的脂肪含量10.0%～

80.0%的产品。

奶油（黄油）（Butter）：以乳和（或）稀奶油（经发酵或不发酵）为原料，添加或不添加其他原料、食品添加剂和营养强化剂，经加工制成的脂肪含量不小于80.0%产品。

无水奶油（无水黄油）（Anhydrous milkfat）：以乳和（或）奶油或稀奶油（经发酵或不发酵）为原料，添加或不添加食品添加剂和营养强化剂，经加工制成的脂肪含量不小于99.8%的产品。

(15) 酪蛋白

酪蛋白：以乳和/或乳制品为原料，经酸法或酶法或膜分离工艺制得的产品，它是由 α、β、κ 和 γ 及其亚型组成的混合物。

酸法酪蛋白：以乳和/或乳制品为原料，经脱脂、酸化使酪蛋白沉淀，再经过滤、洗涤、干燥等工艺制得的产品。

酶法酪蛋白：以乳和/或乳制品为原料，经脱脂、凝乳酶沉淀酪蛋白，再经过滤、洗涤、干燥等工艺制得的产品。

膜分离酪蛋白：以乳和/或乳制品为原料，经脱脂、膜分离酪蛋白，再经浓缩、杀菌、干燥等工艺制得的产品。

第2章 世界奶业生产概况

2.1 世界奶类生产和区域格局

2.1.1 世界奶类生产情况

全世界的奶畜动物，主要包括常见的奶牛、水牛、羊和骆驼，以及不太常见的马、鹿、驯鹿和驴等。与其他奶畜动物相比，奶牛在挤奶方便程度、储存能力以及产奶能力等方面具有许多优势，因此奶牛成为世界上最主要的奶畜动物。世界范围内的奶业生产基本上都是以奶牛养殖为主。据联合国粮农组织统计，全世界的牛奶产量占据世界奶类产量的80%以上。

人类与牛奶的渊源已久，从新石器时代开始，牛奶作为畜牧业的副产品逐渐成为人类食物的来源。但牛奶成为普通家庭消费食物的历史还不足二百年，两次科技革命使牛奶与现代的人类社会和经济发展紧密相连[1]。

一是巴氏杀菌法的发明（1864年）。19世纪，法国科学家巴斯德发明了巴氏杀菌法，通过短时间加热牛奶杀死使牛奶变质的细菌来延长牛奶的保质期，这大大提高了牛奶的安全程度，让牛奶成为一种工业时代能够大规模生产的商品。后期，随着火车、汽车、冰箱等的出现，解决了牛奶的运输和存储问题，喝牛奶成为欧美国家城市居民的日常习惯。

二是超高温灭菌法和无菌包装的发明（20世纪40年代）。无菌包装技术于20世纪40年代问世，20世纪60年代瑞典利乐公司开始工业化生产无菌包装。该技术使牛奶的运输半径扩大了数倍，从1974年到2000年，西欧国家超高温灭菌乳的市场份额从16%上升到54%。由于这一技术解决了牛奶的运输半径问题，使牛奶消费在奶牛养殖不发达地区也得到了普及。

21世纪以来，世界性的农业科技进步和经济腾飞为世界奶业的发展不断注入新的活力，并提供了前所未有的发展契机。发达国家奶业生产的发展已由过去依靠扩大牛群规模发展到逐渐减少奶牛数量、不断提高单产水平，同时更加注重环保；发展中国家则是在扩大牛群规模的同时，依靠科技进步提高单产水平[2]。21世纪以来，世界奶类产量持续大幅增长。据统计，2020年世界奶类产量达到8.81亿吨[3,4]，较2010年增长28.0%。其中，世界牛奶产量7.14亿吨，较2010年增长25.1%；世界人均奶类消费量达到113.1千克，较2010年增加13千克；世界奶牛存栏量2.77亿头，较2010年增长6.6%（图2-1）。

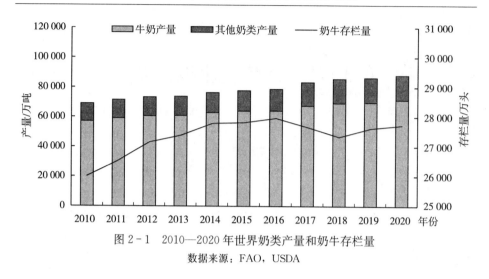

图 2-1　2010—2020 年世界奶类产量和奶牛存栏量

数据来源：FAO，USDA

2.1.2　世界奶类生产分布情况

2015 年以来，世界奶类产量持续增长，奶类供应日趋稳定。据统计，2015—2020 年，世界奶类产量从 7.78 亿吨增长至 8.81 亿吨，年均复合增长率为 2.5%。世界奶类产量的增量大部分来自印度和巴基斯坦，其次为欧盟和美国。其中，印度奶类产量的增量占 38%，巴基斯坦奶类产量增量占 16%，欧盟奶类产量的增量占 7%，美国奶类产量的增量占 6%。

2020 年，新冠疫情暴发，世界经济陷入严重衰退，多个行业遭受重创，但奶牛养殖和奶业生产受到的影响整体较小，世界上多数的奶业主产国家和地区的奶类产量持续增长。从世界主要奶业生产国家和地区的奶类产量排名来看，印度、欧盟、美国、巴基斯坦和中国位列世界奶类产量的前五；2015—2020 年，这五个国家和地区的奶类产量排名，没有发生任何变化。

(1) 印度　2015 年，印度奶类产量达到 1.555 亿吨，超过了欧盟（1.546 亿吨），成为世界上奶类产量最大的国家。但奶业生产相对落后，单产水平远低于世界平均水平。在人均可支配收入增加和人口数量持续增长的推动下，印度国内乳制品消费需求非常旺盛，2015—2020 年印度的奶类产量持续快速增长，年均复合增长率为 4.6%，超出世界奶类产量增速 2.1 个百分点。由于奶牛存栏数量持续增长、有利气候条件下饲料供应状况改善，以及合作社收奶能力逐步恢复，2020 年印度奶类产量实现同比增长 2.0%，达到了 1.95 亿吨，占世界奶类产量的 22.1%。

(2) 欧盟　欧盟的奶业发展历史非常悠久，也是世界奶业最发达的地区之一。多年来，欧盟的奶类产量始终名列世界前茅。2015 年 3 月 31 日，欧盟取消了实施长达 31 年的"牛奶生产配额制度①"，叠加全球市场对欧盟乳制品进口需求的上升，欧盟奶类产量有了较大幅度的增长。2015—2020 年，欧盟奶类产量增加了 768.0 万吨，年均复合增长率为 1.0%。由于国外需求强劲以及政府政策支持，2020 年欧盟奶类产量同比增长 1.46%，达到 1.62 亿吨，占世界奶类产量的 18.4%，排名世界第二，仅次于印度。

（3）美国　美国的奶业生产同样发达，随着奶牛存栏数量增加和单产水平的持续提高，美国的奶类产量维持稳定增长，2020 年美国奶类产量突破了 1 亿吨，占世界奶类产量的 11.5%，排名世界第三。2015—2020 年，美国奶类产量增加了 667.3 万吨，年均复合增长率为 1.4%。

（4）巴基斯坦　巴基斯坦的奶业发展状况与印度基本类似，奶畜数量多，单产水平较低，奶畜养殖以家庭为主。依靠奶畜数量持续增长，巴基斯坦的奶类产量从2015 年的 0.416 亿吨增加到 2020 年 0.577 亿吨，年均复合增长率达 6.8%。

（5）中国　在经历了 2008 年的"三聚氰胺"事件之后，从"奶荒"到"奶剩"，中国的奶业发展步履维艰。国际国内奶价联动、进口乳制品冲击、散户和中小牧场加速退出、奶牛存栏大幅下降等各种因素相互交织，使得中国奶类产量自 2008 年以来，始终徘徊在 3 000 万吨左右。2015—2020 年，中国的奶类产量仅增加了 234.1 万吨[5]，年均复合增长率为 1.4%，增速与美国相当（图 2-2、图 2-3）。

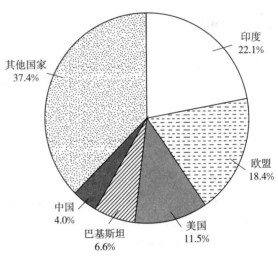

图 2-2　2020 年世界奶类产量分布
数据来源：FAO，USDA

---

①　欧洲牛奶生产配额制度始于 1984 年，该制度出台旨在保护欧洲奶农的利益。第二次世界大战后，欧洲发达国家几乎都有农业补贴，保证每家每户都能喝上牛奶成为基本福利制度，从而导致 20 世纪 70 年代欧洲牛奶生产大量过剩，"倒奶"经常上演。因此当时的欧共体就建立了配额制度，每个国家都有指定限额，如果产量超过该限额就要缴纳罚款。迄今为止，荷兰、德国、法国等欧盟区主要产奶国都被罚过。仅 2014 年，德国、荷兰、波兰、丹麦、奥地利、爱尔兰、塞浦路斯和卢森堡八个欧盟成员国因奶产量超出 2013/2014 年度配额，被强制支付 4.09 亿欧元巨额罚款。

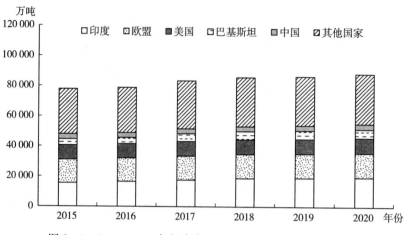

图 2-3　2015—2020 年奶类产量世界排名前五的国家和地区

数据来源：FAO，USDA

2.2　主要乳制品生产和区域格局

2.2.1　主要乳制品生产情况

随着世界奶类产量的持续增长，乳制品的供给也得到了有力的保障。2015 年以来，世界主要乳制品产量持续增长。据统计，世界主要乳制品（奶酪、黄油、全脂奶粉和脱脂奶粉）产量从 2015 年的 4 528.1 万吨增长至 2020 年的 4 842.6 万吨，年均复合增长率为 1.4%。从不同产品来看，除全脂奶粉外，奶酪、黄油和脱脂奶粉产量都处于增长状态。

2014—2015 年，世界奶类产量大幅增加，主要乳制品产量亦同步增长。但由于中国的进口需求下降、俄罗斯对欧盟等国家和地区实施乳制品禁运以及国际原油价格暴跌而造成的石油出口国购买力下降，世界主要乳制品总体供大于求，产品价格持续下跌。为摆脱困境，欧盟在 2016 年实施暂时性牛奶减产措施，旨在实现平衡奶类供需。由于恶劣天气、饲料成本大涨、乳制品价格持续低迷，巴西、乌拉圭和阿根廷的奶类产量也有所下降，新西兰和澳大利亚也因乳制品价格低迷，奶牛屠宰量增加，奶类产量减少。这些国家和地区的奶类产量下降，使得世界奶类产量增幅放缓，2016 年世界主要乳制品产量增幅收窄至 0.1%，这是 6 年里乳制品产量增速最低的一年。2017 年以来，世界主要乳制品产量持续增长，增幅较 2015 年以前有所放缓。

2020 年，世界主要乳制品产量 4 842.6 万吨，同比增长 2.0%。从产品结构来看，奶酪一直是乳制品中的主力产品，2020 年世界奶酪产量 2 476.3 万吨，占世界主要乳制品产量的 51.1%；黄油产量 1 357.7 万吨，占比 28.0%；脱脂奶粉产量 516.9 万吨，占比 10.7%；全脂奶粉产量 491.7 万吨，占比 10.2%（表 2-1、图 2-4）。

表 2-1 2015—2020 年世界主要乳制品产量

年度	奶酪 （万吨）	黄油 （万吨）	脱脂奶粉 （万吨）	全脂奶粉 （万吨）	合计 （万吨）	同比 （%）
2015	2 291.3	1 211.0	488.9	536.9	4 528.1	2.3
2016	2 317.1	1 227.2	491.9	494.8	4 531.1	0.1
2017	2 387.9	1 254.2	488.2	482.5	4 612.9	1.8
2018	2 423.2	1 288.4	491.7	476.8	4 680.1	1.5
2019	2 446.7	1 316.0	493.9	489.0	4 745.6	1.4
2020	2 476.3	1 357.7	516.9	491.7	4 842.6	2.0

数据来源：FAO，USDA。

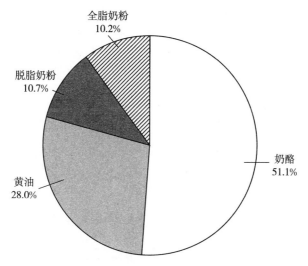

图 2-4 2020 年世界主要乳制品产量结构
数据来源：FAO，USDA

2.2.2 奶酪生产形势

近年来，世界奶酪市场一直保持稳定增长。2015 年世界奶酪产量 2 291.3 万吨，到 2020 年增长到 2 476.3 万吨，年均复合增长率为 1.6%。欧盟和美国是最主要的奶酪生产国家和地区，二者奶酪产量合计占世界奶酪产量的 60% 以上。从 2015 年到 2020 年，世界奶酪产量增长了 185 万吨，增量的

67.3%来自欧盟和美国。

欧盟、美国、俄罗斯、巴西、加拿大是世界奶酪产量排名前五的国家和地区，这五个国家和地区在2020年的奶酪产量合计为1 864.7万吨，占世界奶酪产量的75.3%。

(1) 欧盟 欧盟的奶酪产量连续多年位居世界第一，占据世界奶酪产量40%以上的份额。2020年，欧盟的奶酪产量为1 034.0万吨，同比增长1.3%，占世界奶酪产量的41.8%。2015—2020年，欧盟的奶酪产量增加了60.0万吨，占世界奶酪产量增量的32.4%。

(2) 美国 美国的奶酪产量仅次于欧盟，排名世界第二，占据世界奶酪产量20%以上的份额。2020年，美国的奶酪产量为601.2万吨，同比增长0.9%，占世界奶酪产量的24.3%。2015—2020年，美国奶酪产量增加64.5万吨，占世界奶酪产量增量的34.9%，与欧盟平分秋色。

(3) 俄罗斯 近年来，俄罗斯的奶酪产量增长迅速。2020年俄罗斯奶酪产量首次突破100万吨，达到103.5万吨，同比增长5.3%，占世界奶酪产量的4.2%。2015—2020年，俄罗斯的奶酪产量增加了17.4万吨，占世界奶酪产量增量的9.4%。2014年8月，俄罗斯宣布禁止从欧盟、美国、澳大利亚等国家和地区进口食品，包括乳制品，目前该禁令已延长至2021年底。受此影响，俄罗斯多个工厂开始增加奶酪产量，以满足进口量减少所造成的消费缺口，但奶酪产量增幅相对有限。这主要受到以下因素的影响：一是多年来俄罗斯奶类产品一直供不应求；二是由于资金缺乏，大多数乳品企业的现代化改造进程缓慢；三是居民收入增长缓慢限制了奶酪消费需求的增长。

(4) 巴西 2015—2020年，巴西的奶酪产量基本稳定，一直维持在75万吨左右。2020年巴西的奶酪产量为75万吨，同比下降2.6%，占世界奶酪产量的3.03%。

(5) 加拿大 近年来，加拿大的奶酪产量增长缓慢。2020年，加拿大的奶酪产量为51万吨，同比下降0.97%，占世界奶酪产量2.1%。2015—2020年，加拿大奶酪产量仅增加9.1万吨，占世界奶酪产量增量4.9%（表2-2、图2-5）。

表2-2 2015—2020年部分国家和地区奶酪产量

年度	欧盟（万吨）	美国（万吨）	俄罗斯（万吨）	巴西（万吨）	加拿大（万吨）	其他（万吨）	合计（万吨）	同比（%）
2015	974.0	536.7	86.1	75.4	41.9	577.2	2 291.3	1.9
2016	981.0	552.5	86.5	74.5	44.5	578.1	2 317.1	1.1
2017	1 005.0	573.3	95.1	77.1	49.7	587.7	2 387.9	3.1

（续）

年度	欧盟（万吨）	美国（万吨）	俄罗斯（万吨）	巴西（万吨）	加拿大（万吨）	其他（万吨）	合计（万吨）	同比（%）
2018	1 016.0	591.4	97.0	76.0	51.0	591.8	2 423.2	1.5
2019	1 021.0	595.9	98.3	77.0	51.5	603.0	2 446.7	1.0
2020	1 034.0	601.2	103.5	75.0	51.0	611.6	2 476.3	1.2

数据来源：FAO，USDA。

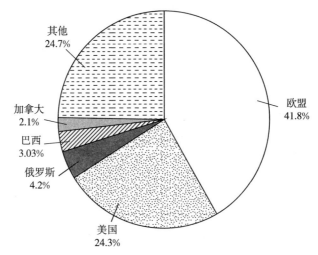

图 2-5　2020 年世界奶酪产量分布

数据来源：FAO，USDA

2.2.3　黄油生产形势

黄油是用牛奶等为原料加工出来的一种固态油脂，营养丰富但含脂量很高，主要用作调味品或食品辅料。

黄油是主要乳制品之一，产量仅次于奶酪。近年来，世界黄油产量逐年增加。2015 年，世界黄油产量 1 211 万吨；2020 年，世界黄油产量 1 357.7 万吨，同比增长 3.2%。2015—2020 年，世界黄油产量增加了 146.7 万吨，年均复合增长率为 2.3%，其中 72.6% 的增量来自印度。印度、欧盟、巴基斯坦、美国、新西兰是世界排名前五的黄油生产国家和地区。2020 年，这五个国家和地区的黄油产量合计 1 107.4 万吨，占世界黄油产量的 81.6%。

（1）印度　受居民消费和饮食习惯的影响，印度的黄油产量连续多年位居世界第一，占世界黄油总产量的 40% 以上，且保持稳定增长。2015 年，印度的黄油产量为503.5万吨；2020年，印度黄油产量达到610万吨，同比增长4.3%，比2015年增加了106.5万吨，占世界黄油增量的72.6%，年均复合增长率达到3.9%，超出世界黄油产量年均复合增长率1.6个百分点。

（2）欧盟 欧盟也是世界黄油主产区之一，其黄油产量排名世界第二，仅次于印度。2015年，欧盟的黄油产量233.5万吨，占世界黄油产量的19.3%；2020年黄油产量241.0万吨，同比增长1.5%，占世界黄油总产量的17.8%。近年来，欧盟的黄油产量增长缓慢；2015—2020年，欧盟的黄油产量仅增加7.5万吨，占世界黄油增量的5.1%。

（3）巴基斯坦 巴基斯坦是排名世界第三的黄油主产区。近年来，巴基斯坦的黄油产量持续增加，2015年，巴基斯坦的黄油产量为93.8万吨，占世界黄油产量的7.7%；2018年，黄油产量突破100万吨；2020年黄油产量已达到109.1万吨，占世界黄油产量的8.0%。2015—2020年，巴基斯坦的黄油产量增加了15.3万吨，占世界黄油产量增量的10.4%，年均复合增长率达到3.1%（表2-3、图2-6）。

表2-3 2015—2020年部分国家和地区黄油产量

年度	印度（万吨）	欧盟（万吨）	巴基斯坦（万吨）	美国（万吨）	新西兰（万吨）	其他（万吨）	合计（万吨）	同比（%）
2015	503.5	233.5	93.8	83.9	59.4	236.9	1 211.0	1.6
2016	520.0	234.5	96.6	83.4	57.0	235.7	1 227.2	1.3
2017	540.0	234.0	99.5	83.8	52.5	244.4	1 254.2	2.2
2018	560.0	234.5	102.4	89.3	55.0	247.1	1 288.4	2.7
2019	585.0	237.5	105.8	90.5	52.5	244.7	1 316.0	2.1
2020	610.0	241.0	109.1	97.3	50.0	250.3	1 357.7	3.2

数据来源：FAO，USDA。

2.2.4 脱脂奶粉生产形势

脱脂奶粉是生产黄油的副产品。一般来说，黄油产量越高，脱脂奶粉产量也越高。黄油的市场需求增加、价格上涨，大量原奶被用于生产黄油，脱脂奶粉产量就越大；黄油的市场需求下降、价格下跌，则黄油产量和脱脂奶粉产量就出现下降。

近年来，世界脱脂奶粉产量增长相对缓慢，2019年之前基本维持在490万吨左右，2020年突破500万吨。2015年，世界脱脂奶粉产量为488.9万吨；2020年，世界脱脂奶粉产量达到516.9万吨，同比增长4.7%，这是2015年以来，增速最快的一年。2015—2020年，世界脱脂奶粉产量增长28万吨，年

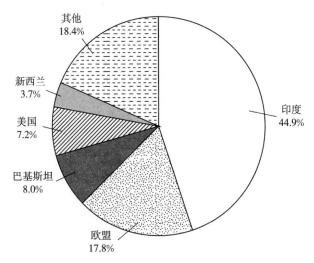

图 2-6 2020 年世界黄油产量分布

数据来源：FAO，USDA

均复合增长率为 1.1%。

世界排名前五的脱脂奶粉主产国家和地区依次为：欧盟、美国、印度、新西兰、澳大利亚。2020 年，这五个国家和地区脱脂奶粉产量达到 423.2 万吨，占世界脱脂奶粉产量的 81.9%。

（1）欧盟 欧盟的脱脂奶粉产量连续多年排名世界第一，近年来欧盟脱脂奶粉产量基本稳定。2020 年，欧盟脱脂奶粉产量为 182.0 万吨，同比增长 3.4%，占世界脱脂奶粉产量的 35.2%。

（2）美国 美国是欧盟以外最大的脱脂奶粉生产国，2015 年以来脱脂奶粉产量都在百万吨以上，并且实现持续增长。2020 年，美国脱脂奶粉产量 122.7 万吨，同比增长 10.8%，占世界脱脂奶粉总产量的 23.7%（表 2-4、图 2-7）。

表 2-4 2015—2020 年部分国家和地区脱脂奶粉产量

年度	欧盟（万吨）	美国（万吨）	印度（万吨）	新西兰（万吨）	澳大利亚（万吨）	其他（万吨）	合计（万吨）	同比（%）
2015	171.5	103.4	54.0	41.0	26.6	92.4	488.9	4.9
2016	173.5	105.3	54.0	40.5	23.8	94.8	491.9	0.6
2017	172.5	107.8	57.0	40.2	18.7	92.0	488.2	−0.7
2018	173.5	106.7	60.0	41.0	20.1	90.4	491.7	0.7
2019	176.0	110.7	63.5	37.5	15.0	91.2	493.9	0.4
2020	182.0	122.7	66.0	37.0	15.5	93.7	516.9	4.7

数据来源：FAO，USDA。

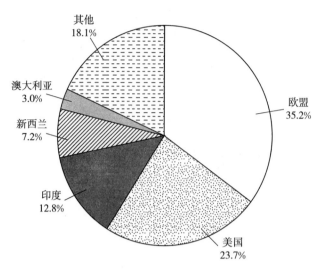

图 2-7 2020 年世界脱脂奶粉产量分布
数据来源：FAO，USDA

2.2.5 全脂奶粉生产形势

全脂奶粉是新鲜牛奶等经消毒、脱水、喷雾干燥制成的，基本保持了新鲜牛奶等原有的营养成分。生产 1 千克全脂奶粉，大约需要 8~9 千克新鲜牛奶。

全脂奶粉在调节奶类生产季节性和区域均衡性中具有非常重要的作用。鲜奶的生产具有非常显著的季节性特征，并且易腐、不能长时间保存、不便运输，因此将高峰期生产的大量鲜奶加工成为全脂奶粉，在鲜奶供应相对不足的季节可用于平衡市场需求，也可以解决奶源地分布不均造成局部供应短缺的问题。全脂奶粉在主要乳制品的国际贸易中具有重要地位。鲜奶不便进行远距离运输，加工成为全脂奶粉能够很好地解决远距离运输问题，并大幅降低运输成本。由于便于储存和运输以及在食品加工等领域的广泛应用，全脂奶粉成为国际贸易中数量最大的乳制品，约占主要乳制品国际贸易量的 30%。

2015 年以来，世界全脂奶粉产量总体呈下降趋势，是近年来唯一产量下降的主要乳制品。2019 年之后，全脂奶粉产量有所回升。2020 年，世界全脂奶粉产量增长到 491.7 万吨，同比增长 0.5%，但仍低于 2015 年的 536.9 万吨。2015—2020 年，世界全脂奶粉产量下降了 45.2 万吨，年均复合增长率为－1.7%。

新西兰、中国、欧盟、巴西、阿根廷是全脂奶粉产量排名前五的国家和地区。2020 年，这五个国家和地区全脂奶粉产量为 407.4 万吨，占世界全脂奶粉产量的 82.9%。

（1）新西兰 新西兰是世界上最大的全脂奶粉生产国，占世界全脂奶粉产量 30% 左右。2015—2016 年，由于乳制品市场价格低迷，新西兰的奶牛屠宰量增加，奶类产量和乳制品产量都出现下降；2017 年之后，随着市场需求增加，新西兰的奶类产量和乳制品产量开始增加，全脂奶粉产量也持续增长。2020 年，新西兰全脂奶粉产量 154.9 万吨，同比增长 4.0%，占世界全脂奶粉产量的 31.5%。由于新西兰的奶类产量远远超过国内消费需求量，新增的奶类几乎全部被加工成为全脂奶粉。

(2) 中国　中国是仅次于新西兰的全脂奶粉生产国；近年来全脂奶粉产量持续下降。2015 年，全脂奶粉产量为 161.7 万吨，占世界全脂奶粉产量的 30.1%；到 2020 年，全脂奶粉产量仅为 99.2 万吨，同比下降 5.7%，占世界全脂奶粉产量的 20.2%；与 2015 年相比，大幅下降 62.5 万吨，降幅高达 38.7%（表 2-5、图 2-8）。

表 2-5　2015—2020 年部分国家和地区全脂奶粉产量

年度	新西兰 （万吨）	中国 （万吨）	欧盟 （万吨）	巴西 （万吨）	阿根廷 （万吨）	其他 （万吨）	合计 （万吨）	同比 （%）
2015	138.0	161.7	71.0	61.0	25.2	80.0	536.9	3.0
2016	132.0	137.5	72.0	55.0	18.0	80.3	494.8	−7.8
2017	138.0	108.0	76.0	59.6	17.0	83.9	482.5	−2.5
2018	145.0	96.5	73.2	58.5	19.2	84.4	476.8	−1.2
2019	149.0	105.2	74.0	59.6	18.8	82.4	489.0	2.6
2020	154.9	99.2	75.0	57.0	21.3	84.3	491.7	0.5

数据来源：FAO，USDA。

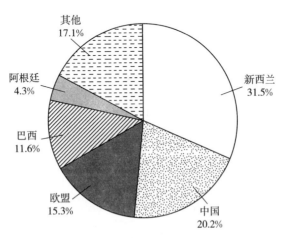

图 2-8　2020 年世界全脂奶粉产量分布
数据来源：FAO，USDA

近年来，中国全脂奶粉产量持续下降的主要原因在于：①大量进口奶粉冲击国内市场，从 2015 年到 2020 年，中国的全脂奶粉进口量增加了近 30 万吨，这些进口奶粉具有明显的价格优势。②国内鲜奶价格和人力资源成本等不断上涨，奶粉加工成本升高，相对于从国际市场进口奶粉处于竞争劣势。③政府加强奶粉质量监管，整体的奶粉产能有所下降。2016 年 10 月 1 日，《婴幼儿配方乳粉产品配方注册管理办法》正式实施，不达标的低劣质产品退出市场。④人口出生率持续下降导致婴幼儿配方奶粉的市场消费需求下降。

作为全脂奶粉主产国的同时，中国也是最大的全脂奶粉消费国和进口国，一方面，中国对全脂奶粉进口需求的持续增加刺激了新西兰等国家和地区全脂奶粉加工量的增长；另一方面，尽管新西兰和欧盟等国家和地区的全脂奶粉产量有所增加，但仍难以抵消中国全脂奶粉产量的下降数量。因此，中国全脂奶粉产量的持续下降是造成世界全脂奶粉产量下降的主要原因。

第3章　世界主要乳制品贸易

3.1　乳制品及分类

乳制品是食品工业领域中的一类重要产品，国际乳品联合会（International Dairy Faction，IDF）法规专业委员会对乳制品的定义为：以生鲜牛（羊）乳及其制品为主要原料，经过加工而制成的各种产品。

根据我国的食品分类系统[①]、国际乳品联合会（IDF）的相关定义以及《中国奶业年鉴》对于乳制品的统计分类等，乳制品[②]分为液态奶和干乳制品。其中液态奶包括巴氏杀菌乳、灭菌乳、酸乳、调制乳等产品；奶粉、炼乳、奶油（含黄油）[③]、奶酪、其他乳制品（如乳清粉、酪蛋白粉等）以及以乳为主要配料的即食风味食品或其预制产品（不包括冰激凌和风味发酵乳）等属于干乳制品。

3.2　乳制品国际贸易

根据联合国粮农组织数据，乳制品国际贸易主要种类包括液态奶、黄油、奶酪、脱脂奶粉、全脂奶粉、奶油、炼乳、乳清粉等。从进出口贸易的绝对数量来看，液态奶、黄油、奶酪、脱脂奶粉、全脂奶粉的进出口贸易量比较大。但若按折合原奶当量计算的话，则使用原奶最多的产品是奶酪、黄油、脱脂奶粉、全脂奶粉。在液态奶的国际贸易中，除了欧盟成员国之间的贸易量，中国是最主要的进口国，占世界液态奶进口贸易量的 20% 以上。液态奶的主要出口国家和地区是欧盟、新西兰、澳大利亚、白俄罗斯等。与奶酪、黄油、脱脂奶粉、全脂奶粉等干乳制品折合原奶当量相比，液态奶的贸易量相对较小，并且主要发生在欧盟成员国之间和中国，故在此不做深入研究。结合联合国粮农组织和美国农业部数据，仅针对主要乳制品包括奶酪、黄油、脱脂奶粉、全脂

[①]　中华人民共和国国家标准 GB 2760—2014《食品安全国家标准 食品添加剂使用标准》。

[②]　按照 IDF 标准，乳制品是指其乳固体含量占它的总固体含量的 75% 以上的乳产品。

[③]　按照中华人民共和国国家标准 GB 19646—2010《食品安全国家标准 稀奶油、奶油和无水奶油》，奶油产品包括稀奶油、奶油（黄油）和无水奶油。

奶粉的国际贸易进行相关研究。

2020年，世界新冠疫情蔓延，显示出乳制品国际贸易具有较大的弹性。鲜奶和新鲜乳制品的易腐性，使它们特别容易受到供应链中断的影响，如集装箱短缺、运输中断、产品积压和过剩等，但从世界主要乳制品进出口贸易的角度来看，乳制品行业受到的影响并没有其他产业那么严重。一是多数国家能够迅速地调整生产结构并成功解决劳动力问题，以降低疫情带来的影响；二是疫情期间，因防疫要求影响了部分餐饮消费需求，这其中包括很大一部分乳制品消费量，但家庭消费量（零售）的增加抵消了部分损失。总的来说，乳制品行业通过生产结构的调整，避免了乳制品出现重大短缺或严重过剩等状况。

3.3 主要乳制品出口贸易形势

乳制品的出口贸易以干乳制品为主，主要包括奶酪、黄油、脱脂奶粉、全脂奶粉四类产品。2015年以来，世界主要乳制品出口贸易量持续增长。2015年，世界主要乳制品的出口贸易量为811.4万吨，折合原奶当量5 324.8万吨；2020年，世界主要乳制品的出口贸易量增长到907.8万吨，折合原奶当量5 914.8万吨，占世界奶类产量的7%。相对于8.81亿吨的世界奶类产量来说，绝大多数的奶类和乳制品都是在本土消费的（表3-1）。

表3-1 2015—2020年世界主要乳制品出口贸易量

年度	主要乳制品出口贸易量（万吨）					折合原奶当量（万吨）				
	奶酪	全脂奶粉	脱脂奶粉	黄油	合计	奶酪	全脂奶粉	脱脂奶粉	黄油	合计
2015	232.7	257.3	224.2	97.2	811.4	1 024.0	1 955.6	1 703.8	641.5	5 324.8
2016	239.5	247.4	221.3	99.8	808.0	1 053.6	1 880.3	1 682.1	658.4	5 274.4
2017	248.4	242.5	239.3	87.4	817.6	1 092.9	1 843.3	1 818.6	576.9	5 331.8
2018	250.0	257.5	252.7	94.3	854.4	1 099.9	1 957.2	1 920.3	622.1	5 599.5
2019	260.7	259.2	262.2	102.1	884.1	1 147.0	1 969.6	1 992.6	673.7	5 783.0
2020	276.6	275.2	256.6	99.5	907.8	1 217.0	2 091.4	1 949.9	656.5	5 914.8

数据来源：FAO，USDA。

2015—2020年，世界主要乳制品的出口贸易量增加了96.4万吨，年均复合增长率为2.3%。增量部分主要来自欧盟和美国，少量来自白俄罗斯以及其他国家和地区。2015年欧盟的主要乳制品出口量为199.8万吨，2020年增长

到 235.1 万吨，年均复合增长率为 3.3%；美国的主要乳制品出口量从 91.3
万吨增长到 123.1 万吨，年均复合增长率为 6.2%；白俄罗斯的主要乳制品出
口量从 41.3 万吨增长到 49.3 万吨，年均复合增长率为 3.6%。近年来，新西
兰的主要乳制品出口量基本保持稳定，澳大利亚的主要乳制品的出口量甚至出
现下降趋势（表 3-2）。

表 3-2　2015—2020 年部分国家和地区主要乳制品出口量

国家/地区	主要乳制品出口量（万吨）						2020 年出口量占比（%）
	2015	2016	2017	2018	2019	2020	
新西兰	267.0	269.7	256.2	255.0	275.3	268.7	29.6
欧盟	199.8	197.2	217.5	214.3	235.6	235.1	25.9
美国	91.3	92.7	99.3	113.7	111.3	123.1	13.6
白俄罗斯	41.3	42.2	40.0	44.3	45.8	49.3	5.4
澳大利亚	47.2	43.0	39.9	39.9	34.8	33.5	3.7
其他国家和地区	164.8	163.2	164.7	187.2	181.3	198.1	21.8
合计	811.4	808.0	817.6	854.4	884.1	907.8	100

数据来源：FAO，USDA。

　　从世界主要乳制品出口贸易的产品结构来看，以奶酪的出口贸易量最大，
其次为全脂奶粉和脱脂奶粉，黄油的出口贸易量是最低的。2020 年，奶酪的
出口贸易量达到 276.6 万吨，略高于全脂奶粉的出口贸易量，占主要乳制品出
口贸易量的 30.5%；全脂奶粉的出口贸易量为 275.2 万吨，占主要乳制品出
口贸易量的 30.3%；脱脂奶粉的出口贸易量为 256.6 万吨，占主要乳制品出
口贸易量的 28.3%；黄油的出口贸易量仅为 99.5 万吨，占主要乳制品出口贸
易量的 11.0%（图 3-1）。

　　世界主要乳制品的出口来源高度集中在主要的奶类生产国家和地区，尤其
是新西兰和欧盟。2015 年以来，主要乳制品出口贸易量排名前五的国家和地
区依次为新西兰、欧盟、美国、白俄罗斯和澳大利亚。2020 年，这五个国
家的出口量占世界主要乳制品出口贸易量的 78.2%；其中，新西兰的出口
量占比达 29.6%，欧盟的出口量占比达 25.9%，美国的出口量占比
为 13.6%。

3.3.1 奶酪出口贸易形势

　　由于俄罗斯、日本和中国等市场需求持续强劲增长，自 2015 年以来，奶
酪的出口贸易量持续稳定增长，也是主要乳制品出口贸易量唯一保持连续增长

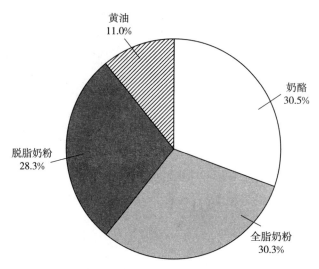

图 3-1　2020 年世界主要乳制品出口贸易量产品结构

数据来源：FAO，USDA

的产品。2015 年，奶酪的出口贸易量为 232.7 万吨，占主要乳制品出口贸易量的 28.7%；2019 年，奶酪的出口贸易量达到 260.7 万吨，超越全脂奶粉的出口贸易量；受新兴市场需求持续增长推动，2020 年奶酪的出口贸易量有所扩大，增长到 276.6 万吨，同比增长 6.1%，在世界主要乳制品出口贸易量中所占比例达到 30.5%。2015—2020 年，奶酪出口贸易量增长了 43.9 万吨，年均复合增长率为 3.5%，其中大部分增量来自欧盟。在 2020 年，欧盟等主要奶酪出口国家和地区的奶类产量持续增长，大部分增加的奶类产量用于生产奶酪。

欧盟、美国、新西兰、白俄罗斯和澳大利亚是奶酪的主要出口国家和地区。据统计，2020 年这五个国家的奶酪出口量合计为 205.2 万吨，占世界奶酪出口贸易量的 74.2%。

（1）欧盟　近年来欧盟的奶类产量持续增加，更多数量的原奶被加工成为奶酪，为欧盟奶酪出口量增长奠定了基础。欧盟的私人储备援助计划（PSA）允许暂时撤出奶酪，这在一定程度上促进了奶酪产量的增长，因此，欧盟的奶酪出口量持续增加。2015 年，欧盟奶酪出口量为 71.9 万吨，占世界奶酪出口贸易量的 30.9%；2020 年，欧盟的奶酪出口量达到 94.3 万吨，同比增长 7.3%，占世界奶酪出口贸易量的比例达到 34.1%；2015—2020 年，欧盟奶酪出口量的年均复合增长率为 5.6%。

（2）美国　2015—2020 年，美国的奶酪出口量增长缓慢。2015 年，美国奶酪出口量为 31.7 万吨，占世界奶酪出口贸易量的 13.6%；2019 年，美国奶酪出口量达到 35.7 万吨；2020 年，受国内奶酪价格波动和关键市场需求下降，尤其是墨西哥进口需求下降的影响，美国的奶酪出口量同比下降 0.6%，仅 35.5 万吨，占世界奶酪出口贸易量的比例下降至 12.8%。2015—2020 年，美国奶酪出口量的年均复合增长率为 2.3%。

（3）新西兰　自 2015 年以来，新西兰的奶酪出口贸易量相对稳定，基本没有变化。2020 年，新西兰的奶酪出口贸易量为 32.7 万吨，同比下降 2.4%，占世界奶酪出口贸易量的 11.8%。

（4）白俄罗斯　由于俄罗斯继续大量进口奶酪，白俄罗斯进一步扩大了奶酪出口贸易量，并实现较快增长。2015 年，白俄罗斯的奶酪出口贸易量为 18.3 万吨，占世界奶酪出口贸易量的 7.9%；2020 年，白俄罗斯的奶酪出口贸易量增长到 27.4 万吨，同比增长 12.3%，占世界奶酪出口贸易量的比例达到 9.9%。2015—2020 年，白俄罗斯奶酪出口贸易量年均复合增长率为 8.4%。

（5）澳大利亚　来自国际市场的进口需求下降，尤其是东亚地区的需求减少，以及国内奶酪消费量的小幅增长，澳大利亚的奶酪出口贸易量在近年来持续小幅下降。2015 年，澳大利亚的奶酪出口贸易量为 17.1 万吨，占世界奶酪出口贸易量的 7.3%；2020 年，澳大利亚的奶酪出口贸易量下降到 15.3 万吨，占世界奶酪出口贸易量的比例下降到 5.5%（表 3-3、图 3-2）。

表 3-3　2015—2020 年部分国家和地区奶酪出口量

年度	欧盟（万吨）	美国（万吨）	新西兰（万吨）	白俄罗斯（万吨）	澳大利亚（万吨）	其他（万吨）	合计（万吨）	同比（%）
2015	71.9	31.7	32.7	18.3	17.1	61.0	232.7	-3.3
2016	79.9	28.7	35.5	20.5	16.7	58.2	239.5	2.9
2017	82.8	34.0	34.3	18.9	17.1	61.3	248.4	3.7
2018	83.3	34.8	32.2	21.1	17.2	61.4	250.0	0.6
2019	87.9	35.7	33.5	24.4	16.0	63.2	260.7	4.3
2020	94.3	35.5	32.7	27.4	15.3	71.4	276.6	6.1

数据来源：FAO，USDA。

3.3.2　全脂奶粉出口贸易形势

近年以来，全脂奶粉出口贸易形势相对稳定。2016 年、2017 年，由于全脂奶粉产量连续下滑，致使全脂奶粉出口贸易量分别下跌 3.8%、2.0%；此后，随着全脂奶粉产量的逐步恢复，全脂奶粉出口贸易量也实现了稳定增长。

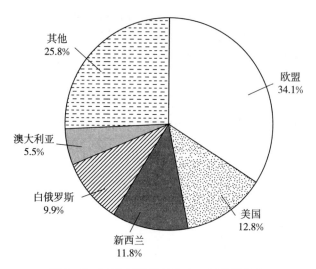

图 3-2　2020 年世界奶酪出口贸易量分布
数据来源：USDA

2015 年，全脂奶粉的出口贸易量为 257.3 万吨，占主要乳制品出口贸易量的 31.7%；2020 年，全脂奶粉的出口贸易量增长到 275.2 万吨，同比增长 6.2%，但其在主要乳制品出口贸易量中所占比例下降到 30.3%。2015—2020 年，全脂奶粉出口贸易量增加了 17.9 万吨，年均复合增长率为 1.4%；增量部分主要来自新西兰。

新西兰、欧盟、阿根廷、美国、澳大利亚是全脂奶粉的主要出口国家和地区。据统计，2020 年这五个国家的全脂奶粉出口贸易量合计为 208.9 万吨，占世界全脂奶粉出口贸易量的 75.9%。

（1）新西兰　从全脂奶粉的主要出口国家和地区来看，新西兰一直都是世界上最大的全脂奶粉生产国和出口国，占世界全脂奶粉的出口贸易量的 50% 以上，并且呈增长趋势。2015 年，新西兰全脂奶粉出口贸易量为 138.0 万吨，占世界全脂奶粉出口贸易量的 53.6%；由于国际市场广泛地削减进口贸易量，新西兰在 2020 年的全脂奶粉出口量为 153.3 万吨，同比略降 0.2%，占世界全脂奶粉出口贸易量的 55.7%；2015—2020 年，新西兰全脂奶粉出口贸易量增长了 15.3 万吨，年均复合增长率为 2.1%。

（2）欧盟　欧盟也是全脂奶粉主要出口地区之一，占世界全脂奶粉的出口贸易量的 12% 以上，但近年来其全脂奶粉出口量显示出总体不断下降的趋势。2015 年，欧盟的全脂奶粉出口贸易量为 40.1 万吨，占世界全脂奶粉的出口贸易量的 15.6%；2020 年，欧盟的全脂奶粉出口贸易量下降到 33.2 万吨，同比增长 11.4%，占世界全脂奶粉出口贸易量的 12.1%，年均复合增长率为－3.7%。

(3) 阿根廷　与新西兰和欧盟相比,阿根廷的全脂奶粉出口贸易量较小,并且年度之间变化较大。2015 年,阿根廷全脂奶粉出口贸易量为 13.8 万吨,占世界全脂奶粉的出口贸易量的 5.4%;2020 年,由于阿尔及利亚对南美地区全脂奶粉的强劲需求,阿根廷全脂奶粉出口贸易量增长至 14.8 万吨,同比大幅增长 52.6%,占世界全脂奶粉的出口贸易量仍为 5.4%。2015—2020 年,阿根廷全脂奶粉出口贸易量仅增长 1 万吨,年均复合增长率为 1.4%(表 3-4、图 3-3)。

表 3-4　2015—2020 年部分国家和地区全脂奶粉出口量

年度	新西兰(万吨)	欧盟(万吨)	阿根廷(万吨)	美国(万吨)	澳大利亚(万吨)	其他(万吨)	合计(万吨)	同比(%)
2015	138.0	40.1	13.8	1.5	6.5	57.4	257.3	0.0
2016	134.4	38.2	11.0	1.9	7.0	54.9	247.4	−3.8
2017	134.2	39.3	7.1	1.8	5.5	54.6	242.5	−2.0
2018	136.9	33.4	13.5	2.8	5.5	65.4	257.5	6.2
2019	153.6	29.8	9.7	2.9	4.2	59.0	259.2	0.6
2020	153.3	33.2	14.8	3.9	3.7	66.3	275.2	6.2

数据来源:FAO,USDA。

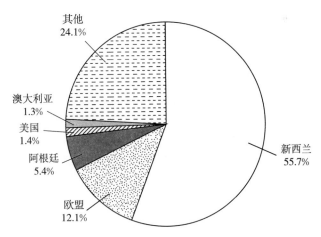

图 3-3　2020 年世界全脂奶粉出口贸易量分布

数据来源:FAO,USDA

3.3.3 脱脂奶粉出口贸易形势

2015 年以来，世界脱脂奶粉出口贸易整体保持增长态势。2015 年，脱脂奶粉出口贸易量为 224.2 万吨，占主要乳制品出口贸易量的 27.6%；2020 年，脱脂奶粉出口贸易量增长到 256.6 万吨，同比下降 2.1%，占主要乳制品出口贸易量的比例增加到 28.3%。2015—2020 年，脱脂奶粉出口贸易量增长了 32.4 万吨，年均复合增长率为 2.7%，增量部分主要是来自欧盟和美国。

从脱脂奶粉主要出口国家和地区来看，欧盟、美国、新西兰、澳大利亚、白俄罗斯是脱脂奶粉的主要出口国家和地区。据统计，2020 年这五个国家的脱脂奶粉的出口贸易量合计为 224.7 万吨，占世界脱脂奶粉出口贸易量的 87.6%。

(1) 欧盟 欧盟是脱脂奶粉出口贸易量最大的地区。2015 年，欧盟的脱脂奶粉出口贸易量为 69.5 万吨，占世界脱脂奶粉出口贸易量的 31%。2016 年，欧盟大量收购脱脂奶粉用于补充干预库存，使其出口贸易量同比大幅下降 16.7%，也直接导致了 2016 年世界脱脂奶粉出口贸易量的下降。2017—2019 年，欧盟的脱脂奶粉出口贸易量持续增加，到 2019 年增长到 96.2 万吨。2020 年，由于国际市场需求下降，尤其是前两大进口国的中国和墨西哥脱脂奶粉进口贸易量同比分别下降 2.3%、14.4%，以及被美国脱脂奶粉抢占了部分市场份额，欧盟的脱脂奶粉出口贸易量大幅下降至 82.9 万吨。2015—2020 年，欧盟的脱脂奶粉进口贸易量增长 13.4 万吨，年均复合增长率为 3.6%。

(2) 美国 美国是世界排名第二的脱脂奶粉出口国，仅次于欧盟；并且近年来脱脂奶粉出口贸易量持续增长。2015 年，美国的脱脂奶粉出口贸易量为 55.8 万吨，占世界脱脂奶粉出口贸易量的 24.9%；2020 年，由于美国脱脂奶粉具有较高的性价比以及在新贸易协定的推动下，抢占了部分国际贸易的份额，脱脂奶粉出口贸易量增长至 81.0 万吨，占世界脱脂奶粉出口贸易量比例提高至 31.6%，成为脱脂奶粉出口贸易量增幅最大的国家。从 2015 年到 2020 年，美国的脱脂奶粉进口贸易量增长 25.2 万吨，年均复合增长率为 7.7%。

(3) 新西兰 新西兰也是脱脂奶粉的主要出口国家之一，但近年的出口贸易量逐渐下降。新西兰 2015 年脱脂奶粉出口贸易量为 41.1 万吨，占世界脱脂奶粉出口贸易量的 18.3%；2020 年，由于东亚等国家的进口需求下降，新西兰的脱脂奶粉出口贸易量下降到 35.6 万吨，同比下降 4.6%，占世界出口总量 13.9%（表 3-5、图 3-4）。

表 3－5　2015—2020 年部分国家和地区脱脂奶粉出口量

年度	欧盟（万吨）	美国（万吨）	新西兰（万吨）	澳大利亚（万吨）	白俄罗斯（万吨）	其他（万吨）	合计（万吨）	同比（%）
2015	69.5	55.8	41.1	20.1	12.2	25.5	224.2	4.7
2016	57.9	59.4	44.4	16.3	11.1	32.2	221.3	−1.3
2017	78.0	60.6	40.1	15.7	10.9	34.0	239.3	8.1
2018	81.6	71.2	35.8	15.5	12.1	36.5	252.7	5.6
2019	96.2	70.1	37.3	12.8	12.4	33.4	262.2	3.8
2020	82.9	81.0	35.6	12.9	12.3	31.9	256.6	−2.1

数据来源：FAO，USDA。

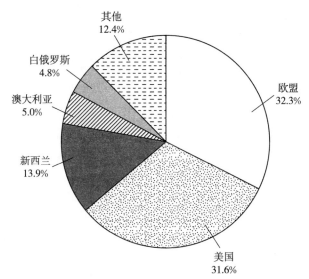

图 3-4　2020 年世界脱脂奶粉出口贸易量分布
数据来源：FAO，USDA

3.3.4　黄油出口贸易形势

黄油也是世界主要干乳制品之一，产量仅次于奶酪。黄油基本上是以国内消费为主，仅少量用于出口。近年来，黄油的出口贸易量波动不大，基本维持在 100 万吨左右，尚不足其产量的 10%。2015 年，黄油的出口贸易量为97.2 万吨，占世界主要乳制品出口贸易量的 12.0%；2019 年，黄油的出口贸易量达到 102.1 万吨，但由于经济低迷和部分进口国国内黄油产量增长，

2020年黄油出口贸易量出现小幅下降，仅有99.5万吨，占世界主要乳制品出口贸易量的比例下降到11.0%；2015—2020年，黄油出口贸易量的年均复合增长率为0.5%。

从黄油的主要出口国家和地区来看，新西兰和欧盟是黄油的主要出口国家和地区。据统计，2020年新西兰和欧盟的黄油出口贸易量合计为71.8万吨，占世界黄油出口贸易量的72.2%；白俄罗斯、土耳其和美国以及其他国家的出口贸易量相对较小，基本都在10万吨以下。虽然印度是世界最大的黄油生产国，但基本上是以国内消费为主，在国际贸易市场中参与度极低。

（1）新西兰　新西兰黄油产量并不高，但90%以上用于出口。新西兰因此成为世界上最大的黄油出口国，占世界黄油出口贸易量的一半左右。2015年，新西兰的黄油出口贸易量为55.2万吨，占世界黄油出口贸易量的56.8%。近年来，由于贸易伙伴普遍削减进口，新西兰黄油出口贸易量出现下降。其中，2020年，新西兰黄油出口贸易量下降至47.1万吨，同比大幅下降7.5%。2015—2020年，新西兰黄油出口贸易量年均复合增长率为−3.1%。

（2）欧盟　欧盟的黄油产量位居世界第二，仅次于印度，但大部分都在国内消费，仅有10%左右用于出口。由于市场需求旺盛，近年来欧盟的黄油产量持续增加，其黄油出口贸易量持续增长。2015年，欧盟黄油出口量为18.3万吨，占世界黄油出口贸易量的18.8%；2020年，欧盟的黄油出口贸易量增长至24.7万吨，同比大幅增长13.8%，占世界黄油出口贸易量的比例增长到24.8%；2015—2020年，欧盟黄油出口贸易量的年均复合增长率为6.2%（表3-6、图3-5）。

表3-6　2015—2020年部分国家和地区黄油出口量

年度	新西兰（万吨）	欧盟（万吨）	白俄罗斯（万吨）	土耳其（万吨）	美国（万吨）	其他（万吨）	合计（万吨）	同比（%）
2015	55.2	18.3	7.0	0.0	2.3	14.4	97.2	−2.5
2016	55.4	21.2	7.7	0.0	2.7	12.7	99.8	2.6
2017	47.6	17.4	7.3	0.1	2.9	12.1	87.4	−12.4
2018	50.1	16.0	7.8	0.1	4.9	15.4	94.3	7.8
2019	50.9	21.7	6.7	2.7	2.6	17.4	102.1	8.3
2020	47.1	24.7	6.9	3.1	2.7	15.0	99.5	−2.6

数据来源：FAO，USDA。

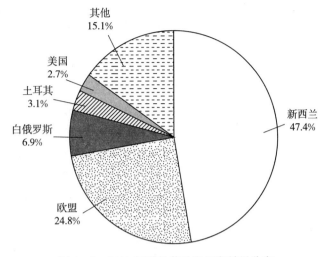

图 3-5　2020 年世界黄油出口贸易量分布
数据来源：FAO，USDA

3.4　主要乳制品进口贸易形势

乳制品的进口贸易以奶酪、脱脂奶粉和全脂奶粉为主，黄油进口贸易量相对较少。世界主要乳制品的进口需求主要来自发展中国家和地区，随着社会经济发展和人口增长以及对高价值食品需求的不断增加，发展中国家对乳制品的进口需求也在持续增长。由于主要乳制品的进口国家和地区数量众多，进口需求和进口贸易量也相对分散。2015 年以来，中国始终是主要乳制品进口贸易量最大的国家，且进口贸易量持续增长。中国、俄罗斯和墨西哥是世界主要乳制品进口贸易量排名前三的国家，但直至 2020 年，这三个国家的合计进口量也仅占世界主要乳制品进口贸易量的 24% 左右。

2020 年以来，新冠疫情令世界经济陷入衰退，对主要乳制品的国际贸易也造成一定影响。由于疫情长时间内未得到有效遏制，造成国内经济下行，菲律宾、墨西哥、日本等国的主要乳制品进口贸易量下降。随着疫情得到有效的控制，国内经济活动持续恢复，中国仍然维持了较高的乳制品进口需求；由于石油价格逐步回升，阿尔及利亚、沙特阿拉伯和尼日利亚等国家的乳制品进口需求也在增加。总体来看，2020 年世界主要乳制品进口贸易量 923.7 万吨，同比增长 6.8%，增速较 2019 年上升 4.1 个百分点。

2015—2020 年，世界主要乳制品进口贸易量增长 167.4 万吨，增量主要来自中国、俄罗斯和墨西哥等国家；其中，中国就占据增量部分的近 1/3。2015

年，中国主要乳制品进口贸易量为 69.8 万吨，2020 年增长至123.2 万吨，年均复合增长率为 12.0%；俄罗斯的主要乳制品进口贸易量从 2015 年的 45.2 万吨，增长至 2020 年的 53.3 万吨，年均复合增长率为 3.4%；墨西哥主要乳制品进口量从 42.5 万吨增长至 46.8 万吨，年均复合增长率为 1.9%。

从 2020 年主要乳制品进口贸易的产品结构来看，奶酪进口贸易量达到283.5 万吨，同比增长 8.3%，占世界主要乳制品进口贸易量30.7%，略高于全脂奶粉进口贸易量，成为主要乳制品进口贸易量最大的产品；全脂奶粉进口贸易量282.7 万吨，同比增长 7.6%，占主要乳制品进口贸易量的 30.6%；脱脂奶粉进口贸易量264.3 万吨，同比增长 4.1%，占主要乳制品进口贸易量的28.6%；黄油的进口贸易量为 93.2 万吨，同比增长 8.2%，仅占主要乳制品进口贸易量的 10.1%（表 3-7、表 3-8、图 3-6）。

表 3-7　2015—2020 年部分国家和地区主要乳制品进口贸易量

国家/地区	主要乳制品进口贸易量（万吨）						2020 年进口贸易量占比（%）
	2015	2016	2017	2018	2019	2020	
中国	69.8	78.8	92.3	102.9	122.1	123.2	13.3
俄罗斯	45.2	51.4	50.0	46.0	52.4	53.3	5.8
墨西哥	42.5	48.9	50.6	52.3	54.4	46.8	5.1
日本	31.8	30.5	34.0	35.4	37.5	34.9	3.8
美国	20.7	22.8	20.2	20.7	22.0	22.0	2.4
澳大利亚	13.2	15.1	18.7	18.1	18.9	20.0	2.2
巴西	11.8	21.1	14.1	13.2	11.9	14.1	1.5
欧盟	9.5	10.4	8.0	8.6	9.0	7.0	0.8
新西兰	2.1	1.9	1.6	1.8	2.2	2.1	0.2
其他国家和地区	509.7	505.3	521.9	542.6	534.2	600.3	65.0
世界	756.3	786.2	811.4	841.6	864.6	923.7	100

数据来源：FAO，USDA。

表 3-8　2015—2020 年世界主要乳制品进口贸易量

年度	奶酪（万吨）	全脂奶粉（万吨）	脱脂奶粉（万吨）	黄油（万吨）	合计（万吨）	同比（%）
2015	224.5	246.0	214.0	71.7	756.3	−3.2
2016	235.8	246.6	221.8	81.9	786.2	4.0
2017	245.6	251.2	238.6	76.0	811.4	3.2
2018	250.9	267.1	245.0	78.8	841.6	3.7
2019	261.7	262.9	253.9	86.2	864.6	2.7
2020	283.5	282.7	264.3	93.2	923.7	6.8

数据来源：FAO，USDA。

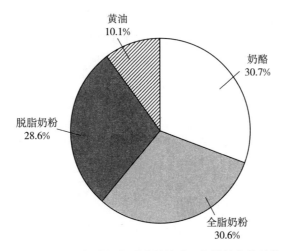

图 3 - 6　2020 年世界主要乳制品进口贸易量产品结构

数据来源：FAO，USDA

3.4.1　奶酪进口贸易形势

奶酪是主要乳制品中附加值最高的产品，主要以本土消费为主，国际贸易量占产量的比例仅在 10% 左右。近年来，世界奶酪进口贸易量稳中有增。2015 年，奶酪的进口贸易量为 224.5 万吨；2020 年，新冠疫情导致多个国家和地区的经济持续低迷，并对餐饮消费造成较大冲击，但世界奶酪进口贸易仍保持较高的增长，2020 年奶酪进口量 283.5 万吨，同比增长 8.3%。2015—2020 年，世界奶酪进口贸易量增长了 59 万吨，年均复合增长率为 4.8%。

俄罗斯、日本、中国、美国和墨西哥是主要的奶酪进口国。由于奶酪进口贸易相对比较分散，这五个国家的奶酪进口贸易量仅占世界奶酪进口贸易量的35% 左右，其他国家进口占比达到 65% 左右。其中，俄罗斯、日本、中国的奶酪进口贸易量持续增长，美国表现为显著的下降趋势，墨西哥则保持了相对稳定。

（1）俄罗斯　近年来，俄罗斯的奶酪进口贸易量快速稳定增长。2015 年，俄罗斯奶酪进口贸易量为 20.9 万吨，占世界奶酪进口贸易量的 9.3%；2020年，俄罗斯的奶酪进口贸易量达到 31.1 万吨，同比增长 13.9%，占世界奶酪进口贸易量的比例提高到 11.0%，超过日本，成为世界最大的奶酪进口国。2015—2020 年，俄罗斯奶酪进口贸易量的年均复合增长率为 8.3%。

（2）日本　2015—2019 年，日本一直是世界最大的奶酪进口国。与俄罗斯相比，日本进口贸易量的增长相对缓慢。2015 年，日本的奶酪进口贸易量为 24.9 万吨，到 2019 年增长至 30.3 万吨，年均复合增长率为 5.0%；2020年，受疫情影响日本奶酪进口贸易量出现下降，降至 29.2 万吨，同比下降

3.6％，占世界奶酪进口贸易量的 10.3％，略低于俄罗斯。

（3）中国 中国的奶酪消费需求在近年来增长迅速，奶酪成为一个新的乳制品消费增长点。由于国内奶酪产量无法满足快速增长的消费需求，中国的奶酪进口贸易量持续增加。2015 年，中国的奶酪进口贸易量为 7.6 万吨，仅占世界奶酪进口贸易量的 3.4％；2020 年，中国的奶酪进口贸易量已增长至12.9 万吨，同比增长 12.2％。2015—2020 年，奶酪进口贸易量的年均复合增长率为 11.2％。

（4）美国 美国一直是欧盟奶酪最大的进口市场，但在 2016 年以后，由于国内牛奶产量以及奶酪库存增加，美国奶酪进口量呈下降趋势。2020 年，由于新冠疫情对食品服务业造成的显著影响，以及美国从 2019 年 10 月开始对进口欧盟奶酪征收 25％的报复性关税，美国奶酪进口贸易量下降至 12.6 万吨，同比减少 9.4％，占世界奶酪进口贸易量的 4.4％（表 3－9、图 3－7）。

表 3－9 2015—2020 年部分国家奶酪进口量

年度	俄罗斯（万吨）	日本（万吨）	中国（万吨）	美国（万吨）	墨西哥（万吨）	其他（万吨）	合计（万吨）	同比（％）
2015	20.9	24.9	7.6	15.7	11.6	143.8	224.5	1.0
2016	22.3	25.8	9.7	16.5	12.6	148.9	235.8	5.0
2017	22.6	27.3	10.8	13.8	12.2	158.9	245.6	4.1
2018	25.0	28.6	10.8	13.8	12.3	160.4	250.9	2.2
2019	27.3	30.3	11.5	13.9	12.1	166.6	261.7	4.3
2020	31.1	29.2	12.9	12.6	11.4	186.3	283.5	8.3

数据来源：FAO，USDA。

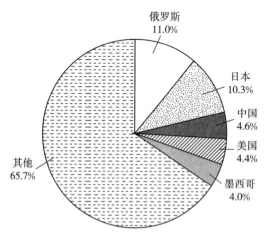

图 3－7 2020 年世界奶酪进口贸易格局
数据来源：FAO，USDA

3.4.2　全脂奶粉进口贸易形势

2015 年以来，世界全脂奶粉进口贸易量整体呈增长态势。2015 年，世界全脂奶粉进口贸易量为 246.0 万吨；2020 年，世界全脂奶粉进口贸易量增长至 282.7 万吨，同比增长 7.6%。2015—2020 年，世界全脂奶粉进口贸易量的年均复合增长率为 2.8%。

全脂奶粉的进口国家和地区数量多，进口贸易量比较分散。中国、巴西、澳大利亚、俄罗斯、美国是全脂奶粉的主要进口国家。据统计，2020 年这五个国家的全脂奶粉进口贸易量为 82.2 万吨，占世界全脂奶粉进口贸易量的 29.1%，其他进口国进口贸易量相对较少。

（1）中国　2015 年以来，中国一直是世界最大的全脂奶粉进口国。2015 年，中国全脂奶粉进口量为 34.7 万吨，占世界全脂奶粉进口贸易量的 14.1%；2020 年，中国全脂奶粉进口量为 64.4 万吨，比 2019 年下降 4.0%，但占世界全脂奶粉进口贸易量的比例达到 22.8%。2015—2020 年，中国全脂奶粉进口量的年均复合增长率为 13.2%。

（2）巴西　巴西也是全脂奶粉进口量相对较大的国家和地区，仅次于中国，但进口贸易量与中国相差较大，且进口贸易量波动大、增速慢。2015 年，巴西全脂奶粉进口量为 5.9 万吨，占世界全脂奶粉进口贸易量的 2.4%；2020 年，巴西全脂奶粉进口量为 8.1 万吨，占世界全脂奶粉进口贸易量的 2.9%。2015—2020 年，巴西全脂奶粉进口量的年均复合增长率为 6.5%（表 3 - 10、图 3 - 8）。

表 3 - 10　2015—2020 年部分国家全脂奶粉进口量

年度	中国 （万吨）	巴西 （万吨）	澳大利亚 （万吨）	俄罗斯 （万吨）	美国 （万吨）	其他 （万吨）	合计 （万吨）	同比 （%）
2015	34.7	5.9	1.1	3.7	0.9	199.7	246.0	−6.4
2016	42.0	12.6	1.6	4.9	1.5	184.0	246.6	0.2
2017	47.0	7.3	2.8	4.9	2.2	187.0	251.2	1.9
2018	52.1	6.8	2.8	2.7	0.9	201.8	267.1	6.3
2019	67.1	6.1	3.7	4.6	1.4	180.0	262.9	−1.6
2020	64.4	8.1	4.3	3.1	2.3	200.5	282.7	7.6

数据来源：FAO，USDA。

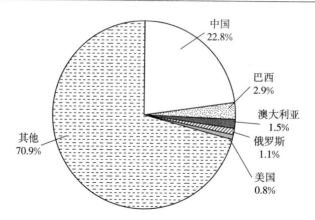

图 3-8　2020 年世界全脂奶粉进口贸易格局

数据来源：FAO，USDA

3.4.3 脱脂奶粉进口贸易形势

2015 年以来，世界脱脂奶粉进口量持续增长。2020 年，虽然新冠疫情造成世界经济衰退、市场中断、部分主要进口国的国内产量增加，以及中国、墨西哥、俄罗斯等主要进口国普遍减少进口贸易量等多方面因素的影响，但脱脂奶粉进口贸易量仍然实现增长。2015—2020 年，世界脱脂奶粉进口贸易量从 214.0 万吨增长至 264.3 万吨，年均复合增长率为 4.3%。

同其他主要乳制品一样，脱脂奶粉进口国家和地区较多，进口分散。中国和墨西哥是脱脂奶粉进口贸易的主要国家。2020 年中国和墨西哥的脱脂奶粉进口贸易量合计为 64.5 万吨，仅占世界脱脂奶粉进口贸易量的 24.4%。

(1) 中国　2015—2020 年，中国脱脂奶粉进口量从 20.0 万吨增长至 33.6 万吨，年均复合增长率为 10.9%。在 2020 年，中国因新冠疫情使得奶源过剩而增加了喷粉量，导致脱脂奶粉的进口贸易量有所下降，但降幅相对较小。2020 年，中国脱脂奶粉进口量 33.6 万吨，同比下降 2.3%，占世界脱脂奶粉进口贸易量的 12.7%。

(2) 墨西哥　从 2015 年到 2019 年，墨西哥一直是世界最大的脱脂奶粉进口国。2015 年，墨西哥脱脂奶粉进口贸易量为 25.9 万吨，占世界脱脂奶粉进口贸易量的 12.1%。2020 年，由于国内生产增加和国内消费需求增长缓慢，墨西哥在食品加工中部分使用了当地生产的脱脂奶粉，造成了脱脂奶粉进口量的大幅下降，而这也让中国成为世界脱脂奶粉进口量最大的国家。2020 年，墨西哥的脱脂奶粉进口量为 30.9 万吨，同比大幅下降 14.4%，占世界脱脂奶粉进口贸易量的 11.7%。2015—2020 年，墨西哥脱脂奶粉进口量的年均复合增长率为 3.6%（表 3-11、图 3-9）。

表 3 - 11 2015—2020 年部分国家脱脂奶粉进口量

年度	中国 （万吨）	墨西哥 （万吨）	俄罗斯 （万吨）	巴基斯坦 （万吨）	日本 （万吨）	其他 （万吨）	合计 （万吨）	同比 （%）
2015	20.0	25.9	11.6	4.4	5.3	146.8	214.0	0.0
2016	18.4	28.6	13.6	4.3	3.4	153.5	221.8	3.6
2017	24.7	33.1	12.6	4.3	5.9	158.0	238.6	7.6
2018	28.0	36.0	9.5	3.8	5.2	162.4	245.0	2.7
2019	34.4	36.1	8.8	4.1	4.7	165.8	253.9	3.7
2020	33.6	30.9	6.0	4.6	3.9	185.2	264.3	4.1

数据来源：FAO，USDA。

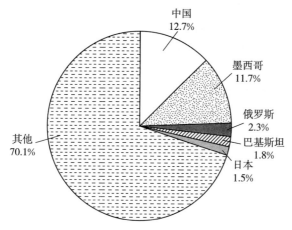

图 3 - 9 2020 年世界脱脂奶粉进口贸易格局

数据来源：FAO，USDA

3.4.4 黄油进口贸易形势

黄油是世界主要乳制品中贸易量最低的产品。黄油主要用作烹饪食物的辅料，主要以本土消费为主，进口贸易量仅占其产量 6.5% 左右。2015 年，世界黄油进口贸易量为 71.7 万吨；2020 年，由于世界经济衰退、失业率上升、收入减少，以及食品餐饮业销售额下降，黄油进口贸易量的增速下降，世界黄油进口贸易量达到 93.2 万吨，同比增长 8.2%。2015—2020 年，世界黄油进口贸易量的年均复合增长率为 5.4%。

与其他主要乳制品进口情况一样，黄油的主要进口国家和地区众多，贸易量相对分散。俄罗斯、中国、美国、伊朗、澳大利亚是主要的黄油进口国家。其中，俄罗斯和中国是世界黄油进口贸易量排名前两位的国家。2020 年，两国的黄油进口贸易量合计为 25.4 万吨，占世界黄油进口贸易量的 27.3%。

（1）俄罗斯 俄罗斯是黄油进口贸易量最大的国家。2015年，俄罗斯的黄油进口量为9.0万吨，占世界黄油进口贸易量的12.6%；随着俄罗斯国内黄油产量的缓慢增长，以及疫情造成国内市场封锁、购买力下降和库存积累原因，2020年俄罗斯黄油进口增速下降11个百分点，进口量达到13.1万吨，同比增长12.0%，占世界黄油进口贸易量的比例提高到14.1%。2015—2020年，俄罗斯黄油进口贸易量年均复合增长率为7.8%。

（2）中国 由于对西式食品和烘焙需求旺盛，中国黄油进口贸易量持续增长。2015年，中国的黄油进口贸易量为7.5万吨，占世界黄油进口贸易量的10.5%；2020年，中国在新冠疫情得到控制后，市场限制放松，经济复苏加快，黄油消费购买量增加，黄油进口贸易量达到12.3万吨，同比大幅增长35.2%，占世界黄油进口贸易量的比例增加到13.2%。2015—2020年，中国黄油进口贸易量的年均复合增长率为10.4%（表3-12、图3-10）。

表3-12 2015—2020年黄油主要进口国进口量

年度	俄罗斯（万吨）	中国（万吨）	美国（万吨）	伊朗（万吨）	澳大利亚（万吨）	其他（万吨）	合计（万吨）	同比（%）
2015	9.0	7.5	3.8	2.0	2.2	47.2	71.7	−12.3
2016	10.6	8.7	4.7	4.6	3.0	50.3	81.9	14.3
2017	9.9	9.8	4.1	3.6	3.5	45.1	76.0	−7.2
2018	8.8	12.0	5.9	2.1	4.2	45.8	78.8	3.6
2019	11.7	9.1	6.6	4.7	4.0	50.0	86.2	9.4
2020	13.1	12.3	7.0	5.3	4.3	51.2	93.2	8.2

数据来源：FAO，USDA。

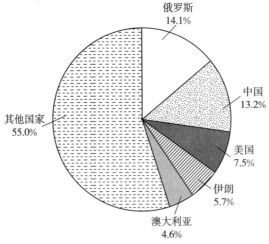

图3-10 2020年世界黄油进口贸易格局

数据来源：FAO，USDA

3.5　牧草贸易形势

随着世界奶类产量和乳制品消费量的不断增长，也拉动牧草产品需求的日益增加，牧草产品的国际贸易也日趋活跃。牧草国际贸易的产品以苜蓿、燕麦草等为主。

欧美等发达国家是牧草生产和国际出口贸易的主要国家和地区。欧美等发达国家牧草产业十分发达，如今美国是世界最大的苜蓿生产国和出口国，苜蓿在美国被视为与粮食作物同等重要的农产品，从 20 世纪 30 年代就实现了苜蓿的产业化种植，种植区域主要集中分布在中西部各州，无论从收获面积还是从产值看，苜蓿已经长期位列美国大田作物的第四位，仅排在玉米、小麦、大豆之后，成为支撑美国奶业发展的基石，其产业地位也可见一斑。据美国农业部数据显示，美国苜蓿产量为 5 487.5 万吨，其中 95% 的苜蓿供国内使用，仅有 5% 用于供应出口。澳大利亚的燕麦草产业、加拿大的猫尾草产业、西班牙的脱水苜蓿产业等都是本国的优势产业。

3.5.1　牧草出口贸易形势

近年来，牧草的国际贸易量总体呈震荡上涨态势。2000 年，牧草的出口贸易量为 462.8 万吨；2019 年，牧草的出口贸易量增长至 867.7 万吨。2000—2019 年世界牧草出口贸易量年均复合增长率为 3.4%（图 3 - 11）。

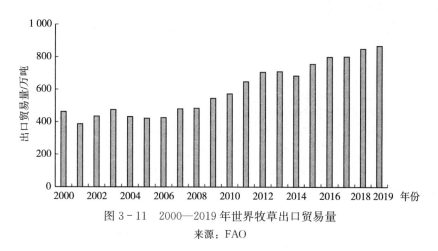

图 3 - 11　2000—2019 年世界牧草出口贸易量
来源：FAO

美国、西班牙、意大利、法国、南非等是主要的牧草出口国。从牧草的出口贸易量来看，美国、西班牙、意大利占据绝对优势。2019 年，美国、西班牙、意大利的牧草出口贸易量合计为 659.3 万吨，占世界牧草出口贸易量的 76.0%。

（1）美国 美国一直是世界最大的牧草出口国。2000 年，美国的牧草出口贸易量为290.7 万吨，占世界牧草出口贸易量的 62.8%；到 2019 年已增长至 490.1 万吨，但由于其他国家出口贸易量的增长，美国占世界牧草出口贸易量的比例下降至 56.5%。

（2）西班牙 西班牙是世界排名第二的牧草出口国。2000 年，西班牙的牧草出口贸易量为 17.6 万吨，占世界牧草出口贸易量的 3.8%。到 2019 年已增长至 109.8 万吨，占世界牧草出口贸易量的比例增长至 12.7%。2000—2019 年，西班牙牧草出口贸易量年均复合增长率为 10.1%。

（3）意大利 意大利也是主要的牧草出口国家之一，牧草出口贸易量仅次于美国和西班牙。2000 年，意大利的牧草出口贸易量为 15.1 万吨，占世界牧草出口贸易量的 3.3%；到 2019 年已增长至 59.4 万吨，占世界牧草出口贸易量的比例增长至 6.8%；2000—2019 年，意大利牧草出口贸易量的年均复合增长率为 7.5%（图 3 - 12）。

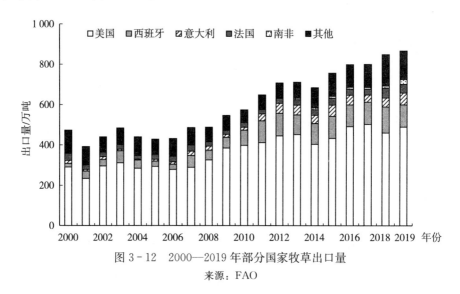

图 3 - 12　2000—2019 年部分国家牧草出口量

来源：FAO

3.5.2　牧草进口贸易形势

2000 年以来，世界牧草进口贸易量持续增长。从总体的牧草进口情况来看，世界牧草进口贸易量从 2000 年的 523.7 万吨增长至 2019 年的 969.1 万吨，年均复合增长率为 3.3%（图 3 - 13）。

日本、阿联酋、中国、韩国、沙特阿拉伯是主要的牧草进口国。其中，日本、阿联酋、中国每年的牧草进口贸易量均在 200 万吨左右，韩国的牧草进口

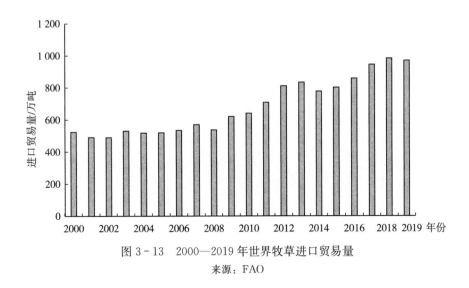

图 3 - 13　2000—2019 年世界牧草进口贸易量
来源：FAO

贸易量也达到 100 万吨以上，沙特阿拉伯的牧草进口贸易量不足 100 万吨。据统计，2019 年这五个国家的牧草进口贸易量合计为 784.7 万吨，占世界牧草进口贸易量的比例为 81.0%。其中，日本、阿联酋、中国的牧草进口贸易量合计为 612.6 万吨，占世界牧草进口贸易量的比例达到 63.2%。

（1）日本　由于国内资源紧缺，日本一直是世界最大的牧草进口国。早在 20 世纪 80 年代，日本就开始大规模进口牧草，日本奶类产量在 20 世纪 90 年代达到高峰；但随着人口老龄化的日趋严重，日本奶业在 2000 年以后出现缩减，奶类产量下降，牧草进口需求有所减少。2000 年，日本的牧草进口量为 255.0 万吨，占世界牧草进口贸易量的 48.7%；到 2019 年，日本的牧草进口量下降至 227.0 万吨，占世界牧草进口贸易量的比例下降至 23.4%。

（2）阿联酋　随着国内奶业的持续发展，阿联酋的牧草进口需求不断增加。据 FAO 统计，阿联酋在 2000 年奶类产量为 8.25 万吨，到 2020 年其奶类产量近乎实现翻倍增长，已达到 16.44 万吨。尽管目前阿联酋奶类产量不高，但由于国内缺少饲草资源，仍然成为世界排名第二的牧草进口国。2019 年，阿联酋的牧草进口贸易量为 193.0 万吨，占世界牧草进口贸易量的 19.9%。

（3）中国　近年来，中国奶牛规模化养殖快速推进，对优质牧草的需求刚性增长，牧草的进口需求也是成倍增长。据统计，2000 年中国的牧草进口量为 25.1 万吨，占世界牧草进口贸易量的 4.8%；到 2019 年，增长至 192.6 万吨，增长近 7 倍，占世界牧草进口贸易量 19.9%，排名世界第三；2000—2019 年，中国牧草进口量的年均复合增长率为 11.3%（图 3 - 14）。

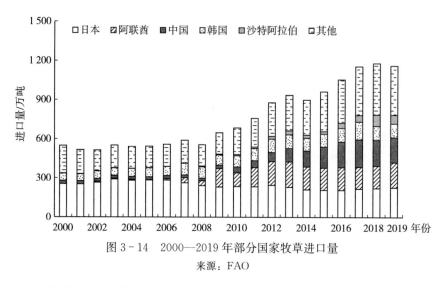

图 3-14　2000—2019 年部分国家牧草进口量

来源：FAO

　　苜蓿被誉为"牧草之王"，是奶牛等奶畜动物的重要优质饲草。据资料显示，国内优质苜蓿自给率只有 64%，而在近 140 万吨的进口总量中，美国又一家独大，占比达到 74.8%（101.5 万吨）。2019 年，中国的牧草进口贸易量中苜蓿占比达到 85%，苜蓿进口贸易量为 135.7 万吨，主要来自美国。

3.6　世界原奶和主要乳制品价格变化趋势

3.6.1　世界原奶价格变化

　　近年来，世界原奶价格震荡走高。自 2015 年以来，欧盟取消牛奶生产配额制，叠加美国、巴西、阿根廷等国家的原奶产量增加，世界原奶产量不断上升，最终面临产能过剩的巨大压力，导致原奶价格跌至谷底，从 2015 年 2 月高点 0.37 美元/千克降至 2016 年 5 月的 0.22 美元/千克，下跌幅度达 40%。此后，随着欧盟委员会在 2016 年下半年开始实施牛奶减产计划，引导欧洲原奶供给由整体过剩转为相对平衡。另外，2016 年，较强厄尔尼诺现象导致的干旱和不利天气条件，也限制了澳大利亚和新西兰的放牧型奶牛养殖的生产，世界原奶价格触底反弹，2017 年 2 月恢复到 2015 年的高点。随后，世界原奶价格进入震荡调整期，2020 年 12 月世界原奶价格达到 0.37 美元/千克（图 3-15）。

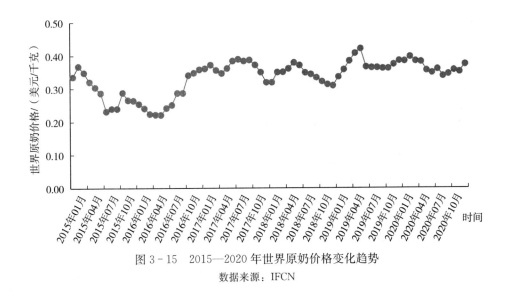

图 3-15　2015—2020 年世界原奶价格变化趋势

数据来源：IFCN

3.6.2　世界主要乳制品价格变化

据联合国粮农组织统计，2015—2020 年世界乳制品价格指数震荡上涨，涨幅为 18.2%。2015 年，世界主要乳制品需求大幅下滑，尤其是中国和俄罗斯大幅减少进口贸易量。由于国内乳品消费需求下降和奶粉库存消化缓慢，2015 年中国的主要乳制品进口贸易量同比下降 17.2%。俄罗斯自 2014 年 8 月开始对欧盟、美国等西方国家实施乳制品禁运，2015 年俄罗斯乳制品进口贸易量下降 19.8%。另外，国际原油价格暴跌造成石油出口国购买力下降，这些国家主要乳制品进口贸易量也随之下降。与此同时，主要出口国家和地区的乳制品产量增加也对价格施加下行压力，使世界主要乳制品价格持续低迷长达 15 个月。

随着新西兰、澳大利亚、美国的奶类产量下降及部分亚洲国家主要乳制品的进口需求增加，世界主要乳制品价格自 2016 年下半年开始持续上涨。2017 年，世界乳制品价格指数同比上涨 30.7 个百分点，黄油、奶酪和全脂奶粉价格上涨是主要因素。其中，黄油价格同比上涨 62.4%，奶酪价格同比上涨 30.5%，全脂奶粉价格同比上涨 27.5%，但脱脂奶粉价格仅上涨 1.2%（图 3-16）。

（1）黄油价格变化趋势　2015—2017 年，世界黄油价格呈显著的持续上涨趋势。2017 年，世界黄油价格达到创纪录的 5 641 美元/吨，价格涨幅明显高于奶酪和全脂奶粉。自 2017 年下半年以来，世界黄油价格持续震荡下跌。2020 年，随着世界各地新冠疫情蔓延，餐饮等行业的消费有所受限，黄油价

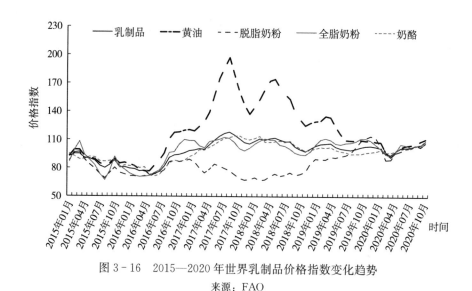

图 3-16   2015—2020 年世界乳制品价格指数变化趋势
来源：FAO

格波动幅度加大，2020 年世界黄油价格跌至 3 844 美元/吨，较 2017 年价格下跌了 31.9%。

（2）奶酪价格变化趋势   相较于黄油价格的大幅涨跌，奶酪价格涨跌相对温和。2016 年下半年，世界乳制品价格全面上涨，奶酪价格自底部反弹，2018 年，奶酪价格涨至近年高点 3 736 美元/吨，较 2016 年上涨 33.1%。2019 年，由于新西兰和欧盟的出口供应增加，奶酪价格有所下降，但随着俄罗斯、中国等进口国需求的持续强劲，以及欧盟内部需求旺盛，奶酪价格在 2020 年保持上涨态势，达到 3 506 美元/吨，较 2019 年上涨 2.1%。

（3）脱脂奶粉价格变化趋势   2015—2018 年，世界脱脂奶粉的价格持续缓慢下跌，脱脂奶粉成为该期间世界主要乳制品中唯一价格持续下降的产品。到 2018 年，世界脱脂奶粉价格降至最低点，仅为 1 834 美元/吨，比 2015 年下降 12.2%。随着欧盟大幅降低脱脂奶粉的储备库存，世界脱脂奶粉价格自 2018 年底开始从低位持续回升，到 2020 年，世界脱脂奶粉价格已达到 2 606 美元/吨，比 2018 年价格上涨 42.1%。

（4）全脂奶粉价格变化趋势   2016 年以来，全脂奶粉价格整体呈上涨态势。2019 年，作为占世界全脂奶粉出口贸易量一半的新西兰，牛奶产量超预期下降。另外，欧盟、美国等主要出口国家和地区的出口供应量相对有限，导致了全脂奶粉价格上涨。2019 年全脂奶粉价格涨至近年高点，达到 3 186 美元/吨，较 2016 年上涨 28.4%。2020 年，世界全脂奶粉主产国的产量持续增加，但由于新冠疫情造成的全球经济衰退，中国、孟加拉国、马来西

亚、新加坡等国家的进口采购量减少，全脂奶粉价格较 2019 年下降 4.5%
（图 3-17）。

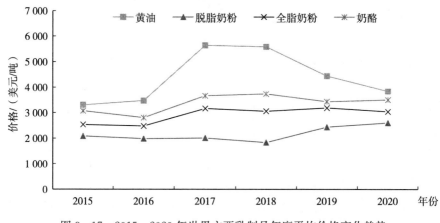

图 3-17　2015—2020 年世界主要乳制品年度平均价格变化趋势

来源：FAO

第4章 世界主要奶业国家和地区 奶业发展状况

4.1 澳大利亚奶业发展状况

4.1.1 澳大利亚奶业生产形势分析

澳大利亚，位于南太平洋和印度洋之间，四面环海，是世界上唯一国土覆盖整个大陆的国家。地处南半球，北部属于热带，南部属于温带，季节与中国完全相反。中西部荒无人烟、干旱少雨，东南沿海地带雨量充沛、气候湿润。澳大利亚约70%的面积属于干旱或半干旱地带，中部大部分地区不适合人类居住，能用于发展畜牧及耕种的土地只有26万平方公里，主要分布在东南沿海地带。作为南半球经济最发达的国家和全球第12大经济体，澳大利亚的农牧业非常发达，农牧业产品的生产和出口贸易在国民经济中占有重要位置，是全球第四大农产品出口国。牛肉、牛奶、羊肉、羊毛、家禽等是主要畜牧产品。澳大利亚的奶业生产基本是以养殖奶牛为主，牛奶产量几乎就是澳大利亚的奶类产量。

澳大利亚的天然草场资源非常丰富，奶牛的饲养方式以放牧为主，60%～65%的饲料来源于新鲜牧草，这样的饲养方式能够有效控制和降低奶牛的饲养成本，因此澳大利亚的牛奶生产成本和乳制品生产成本都比较低。放牧的饲养方式也使得澳大利亚奶牛场的牛奶产量十分依赖于降雨，因而牛奶产量具有显著的季节性。2010年以来的持续干旱，澳大利亚奶农显著增加了谷物、干草、青贮饲料种植储备以及临时灌溉装置的使用，一定程度上增加了奶牛养殖成本。

澳大利亚所有的州都有奶牛场，大部分位于东南部地区，包括维多利亚州（VIC）、塔斯马尼亚州（TAS）、新南威尔士州（NSW）南部和南澳大利亚州（SA），这些地区大多属于季节性产区，在牧草生长最旺盛的春夏季牛奶产量较高。除此之外的昆士兰州（QLD）、西澳大利亚州（WA）和新南威尔士州（NSW）北部地区等则比较依赖于灌溉，这些地区的全年牛奶产量比较均衡。

2000年以来，澳大利亚政府取消了对牛奶价格的干预，在推动奶牛养殖业市场化的同时，也使该行业内部的竞争更趋激烈。在此背景下，奶牛养殖和乳品加工业加速整合，整体发展趋势是奶牛场数量逐渐减少、单个奶牛场的奶牛存栏规模持续扩大和牛奶产量不断增加，一些较小的加工企业不断退出市场。2010 年，澳大利亚共有 7 511 个奶牛场[6]，平均存栏规模为 212 头；2015 年，奶牛场数量下降到 6 128 个，平均存栏规模为 276 头；2020 年，澳大利亚奶牛场的数量进一步下降至 5 055 个，奶牛场的平均规模增加 281 头。同时，大型奶牛场的数量及其牛奶产量所占市场份额也在增加。

2015—2020 年，受干旱天气和投入成本上升的影响，澳大利亚奶牛存栏数量显著下降，牛奶产量也随之下降。据统计，澳大利亚在 2015 年的奶牛存栏为 168.9 万头，2020 年已减少至 142.0 万头，比 2015 年下降 15.9%；与之相应的是，澳大利亚的牛奶产量也从 2015 年的 1 009.1 万吨下降至 2020 年 909.9 万吨（图 4-1）。

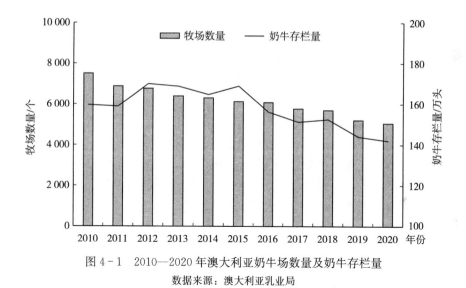

图 4-1　2010—2020 年澳大利亚奶牛场数量及奶牛存栏量

数据来源：澳大利亚乳业局

4.1.2　澳大利亚奶类消费趋势变化

从生产和消费结构来看，澳大利亚的大部分牛奶产量都被用于加工乳制品，只有不到 30% 的牛奶产量以液态奶的形式被直接消费。2015 年，澳大利亚的牛奶产量为 1 009.1 万吨，其中 72% 用于加工乳制品，27% 以液态奶形式被消费；2020 年，澳大利亚的牛奶产量下降到 909.9 万吨，其中乳制品加工使用牛奶产量占 69%，液态奶消费量占 28%（表 4-1）。

表 4 - 1　2015—2020 年澳大利亚奶类供需平衡表

项目名称	2015 年	2016 年	2017 年	2018 年	2019 年	2020 年
奶牛存栏量（万头）	168.9	156.2	151.2	152.5	144.0	142.0
奶类供应量（万吨）	1 009.6	949.1	946.7	945.7	883.8	910.4
牛奶产量（万吨）	1 009.1	948.6	946.2	945.1	883.2	909.9
乳制品进口量（万吨，原奶当量）	0.5	0.5	0.5	0.6	0.6	0.5
乳制品出口量（万吨，原奶当量）	16.6	19.2	21.4	22.7	25.4	27.0
奶类消费量（万吨）	993.0	929.9	925.3	923.0	858.4	883.4
液态奶消费量（万吨）	270.0	255.0	253.0	262.0	253.6	252.8
乳制品加工用量（万吨）	723.0	674.9	672.3	661.0	604.8	630.6
饲用消费量（万吨）	0.0	0.0	0.0	0.0	0.0	0.0
人口数量（万人）	2 393.3	2 426.3	2 458.5	2 489.8	2 520.3	2 550.0

数据来源：USDA。

　　近年来的干旱天气、丛林大火等对澳大利亚的奶牛养殖业产生了重大影响，牛奶产量持续下滑。2020 年，虽然降雨增多改善了牧场条件，牛奶产量得以恢复，但仍未达到 2015 年水平。牛奶产量下降也直接导致了澳大利亚主要乳制品产量大幅下降。2015 年澳大利亚主要乳制品产量为 81.4 万吨，2020 年下降至 65.0 万吨，比 2015 年下降 20.1%。

　　奶酪一直是澳大利亚最为重要的乳制品，超过 1/3 的牛奶产量被用于加工奶酪。尽管澳大利亚主要乳制品产量在不断下降，但奶酪产量以及奶酪在主要乳制品产量中所占比例仍在逐年增加。同时，黄油、脱脂奶粉、全脂奶粉的产量呈下降趋势。近年来，由于奶酪产品的价格优势和市场需求推动，乳制品公司也不断地调整产品结构，拉动了奶酪产量的持续增长。2015 年，澳大利亚奶酪产量为 34.3 万吨，占主要乳制品产量 42.1%；脱脂奶粉产量为 26.6 万吨，占主要乳制品产量 32.7%；其余为黄油和全脂奶粉。到 2020 年，澳大利亚的奶酪产量增长至 37.3 万吨，同比增长 2.5%，占主要乳制品产量的比例提高到 57.4%；脱脂奶粉产量为 15.5 万吨，占主要乳制品产量的比例下降到 23.8%。2015—2020 年，澳大利亚奶酪产量年均复合增长率为 1.7%，成为澳大利亚主要乳制品中唯一保持产量增长的产品（表 4 - 2、图 4 - 2）。

表 4 - 2　2015—2020 年澳大利亚主要乳制品产量

年度	奶酪（万吨）	脱脂奶粉（万吨）	黄油（万吨）	全脂奶粉（万吨）	合计（万吨）	同比（%）
2015	34.3	26.6	12.0	8.5	81.4	3.6
2016	34.4	23.8	11.0	5.6	74.8	−8.1

（续）

年度	奶酪 （万吨）	脱脂奶粉 （万吨）	黄油 （万吨）	全脂奶粉 （万吨）	合计 （万吨）	同比 （％）
2017	34.8	18.7	10.3	7.7	71.5	−4.4
2018	36.6	20.1	9.3	6.3	72.3	1.1
2019	36.4	15.0	7.0	3.7	62.1	−14.1
2020	37.3	15.5	7.5	4.7	65.0	4.7

数据来源：USDA。

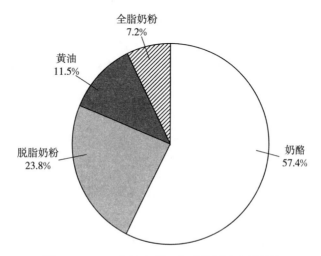

图 4-2　2020 年澳大利亚主要乳制品产量结构
数据来源：USDA

　　澳大利亚是世界上人均奶类消费量相对较高的国家之一。据统计，2020 年澳大利亚的人均奶类消费量为 284.6 千克，其中人均液态奶消费量为 156.7 千克，占比达到 55.1％，其余部分是以奶酪、黄油、奶粉等乳制品的形式被消费的。在主要乳制品中，以奶酪的消费量最高，达到 54.9 千克，占人均奶类消费量的比例达到 19.3％；其次是黄油，占人均奶类消费量的 9.3％；全脂奶粉和脱脂奶粉的消费量分别占人均奶类消费量的 5.5％和 4.4％（表 4-3）。

表 4-3　2015—2020 年澳大利亚人均奶类消费量

年度	人均乳制品消费量（千克）*						人均奶类消费量（千克，折合原奶当量）*						
	液态奶	黄油	奶酪	全脂奶粉	脱脂奶粉	其他	液态奶	黄油	奶酪	全脂奶粉	脱脂奶粉	其他	合计
2015	171.1	4.5	10.9	1.3	3.1	4.3	171.1	29.5	48.0	9.8	23.8	28.6	310.9
2016	154.0	4.5	11.4	0.1	3.3	3.7	154.0	29.9	50.1	0.6	25.4	22.0	281.9

年度	人均乳制品消费量（千克）*						人均奶类消费量（千克，折合原奶当量）*						
	液态奶	黄油	奶酪	全脂奶粉	脱脂奶粉	其他	液态奶	黄油	奶酪	全脂奶粉	脱脂奶粉	其他	合计
2017	160.8	5.0	11.9	2.0	1.5	4.0	160.8	32.8	52.4	15.5	11.7	21.1	294.4
2018	155.6	4.7	11.7	1.4	2.4	4.1	155.6	31.3	51.6	11.0	18.0	21.9	289.5
2019	157.3	3.7	11.9	1.3	1.5	4.1	157.3	24.1	52.5	9.6	11.2	18.3	273.0
2020	156.7	4.0	12.5	2.1	1.6	4.2	156.7	26.4	54.9	15.8	12.5	18.3	284.6

注：* 按人均表观消费量计算。

数据来源：FAO，USDA。

4.1.3 澳大利亚主要乳制品贸易形势

澳大利亚的奶类产量仅有 1 000 万吨左右，约占世界总产量的 1.0%～1.4%，在世界主要奶类生产国家和地区中排名第 15 位（以 2020 年奶类产量计）。但澳大利亚仍是世界重要的乳制品出口国，乳制品出口贸易量排名世界第五，乳制品出口市场主要集中在亚洲地区。其中，中国是澳大利亚最大的乳制品出口市场。2010 以来，由于包括中国在内的亚洲市场消费需求的持续提升，澳大利亚乳制品行业，无论是上游农场，还是下游乳品加工生产商、贸易商等，均获得了较好的收益。

2015—2020 年，受奶类产量下降以及人口增长导致国内需求增加的影响，澳大利亚的主要乳制品出口贸易量呈下降趋势。2015 年，澳大利亚主要乳制品出口贸易量为 47.2 万吨；2020 年，已下降至 33.5 万吨，比 2015 年下降了 29.0%。澳大利亚的主要乳制品产量的一半以上用于发展出口贸易，出口产品以奶酪和脱脂奶粉为主。其中，奶酪的出口贸易量基本占到国内奶酪产量的 40%～50%；澳大利亚大部分脱脂奶粉都是用于出口的，约占产量的 70% 以上，仅小部分在国内销售，主要作为食品制造原料。

从主要乳制品出口贸易量的产品结构来看，奶酪和脱脂奶粉是澳大利亚的主要出口产品，全脂奶粉和黄油的出口贸易量相对较少。其中，奶酪出口贸易量相对稳定，随着主要乳制品出口量的下降，所占比例不断提高，脱脂奶粉的出口贸易量则呈不断下降趋势。2015 年，澳大利亚主要乳制品出口贸易量为 47.2 万吨。其中，脱脂奶粉出口贸易量为 20.1 万吨，占比 42.6%，奶酪出口贸易量为 17.1 万吨，占比 36.2%。2020 年，澳大利亚主要乳制品出口贸易量下降到 33.5 万吨。其中，奶酪出口贸易量为 15.3 万吨，所占比例增加到 45.7%，脱脂奶粉出口贸易量下降到 12.9 万吨，所占比例下降至 38.5%（表 4-4、图 4-3）。

表 4 - 4　2015—2020 年澳大利亚主要乳制品出口量

年度	奶酪 （万吨）	脱脂奶粉 （万吨）	全脂奶粉 （万吨）	黄油 （万吨）	合计 （万吨）	同比 （%）
2015	17.1	20.1	6.5	3.5	47.2	7.3
2016	16.7	16.3	7.0	3.0	43.0	−8.9
2017	17.1	15.7	5.5	1.6	39.9	−7.2
2018	17.2	15.5	5.5	1.7	39.9	0.0
2019	16.0	12.8	4.2	1.8	34.8	−12.8
2020	15.3	12.9	3.7	1.6	33.5	−3.7

数据来源：USDA。

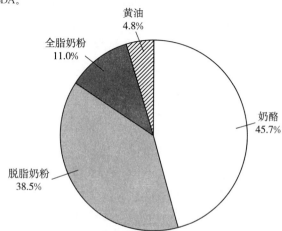

图 4 - 3　2020 年澳大利亚主要乳制品出口贸易产品结构

数据来源：USDA

　　近年来，随着液态奶国际贸易量的逐渐增加，澳大利亚液态奶的出口贸易量也实现大幅增长。2015 年，澳大利亚的液态奶出口贸易量为 16.6 万吨；2020 年，已增长至 27.0 万吨，年均复合增长率达到 10.2%。澳大利亚液态奶的出口产品主要是超高温灭菌奶，出口贸易量的 90% 以上都进入了亚洲市场，尤其是中国市场[7]。

4.2　新西兰奶业发展状况

4.2.1　新西兰奶业生产形势分析

　　新西兰属于大洋洲，位于太平洋西南部，澳大利亚东南方约 1 600 公里处。由北岛、南岛及一些小岛组成，以库克海峡分隔，南岛邻近南极洲，北岛与斐济、汤加相望。新西兰属于温带海洋性气候，四季温差不大，雨量充沛，草地资源丰富，面积 1 400 万公顷，占国土面积的 51.8%。新西兰的经济以农牧业为主，工业也是以农林牧产品加工为主。农牧产品出口约占出口贸易总量的 50%，其中乳制品的出口贸易量世界第一。

新西兰的奶业生产以养殖奶牛为主，牛奶产量几乎就是奶类产量。依赖于广阔的草地资源和适宜的自然条件，新西兰奶牛养殖以放牧为主，补饲为辅。主要是以家庭牧场的方式进行经营，奶牛存栏量 150～349 头的奶牛场数量占比为 42.2%。以放牧为主的饲养方式和高效的家庭牧场经营模式极大地降低了牛奶生产成本，使其乳制品在世界上具有较强的竞争力[8]。

近年来，由于气候和环境变化，环保要求加强，新西兰奶业发展相对偏缓，同时年轻人不愿意从事养殖行业等问题凸显，新西兰奶业发展受到影响。2015 年以后，新西兰奶牛场数量持续下降，但奶牛存栏数量整体相对变化不大，奶牛场平均规模持续扩大。2015 年是新西兰奶牛场数量最高的年份，奶牛场数量为 11 691 个，奶牛存栏量 501.8 万头；2020 年，新西兰奶牛场下降至 11 179 个，比 2015 年下降 6.6%，奶牛存栏量为 492.2 万头[9]。同时，新西兰的奶牛场平均存栏规模从 419 头增长至 440 头，年均复合增长率为 1.0%。

新西兰奶牛场大多数分布在北岛，南岛的奶牛场数量较少。据统计，2020 年北岛的奶牛场数量为 7 982 个，占全国总数量的 71.4%，剩余的 28.6% 的奶牛场位于南岛。其中，怀卡托大区（Waikato）奶牛场数量最多，占全国的 28.5%；其次是塔拉纳基大区（Taranaki），奶牛场数量占全国的 14.0%。

从奶牛存栏量的分布来看，南岛奶牛场数量不及北岛，但由于奶牛饲养规模相对较大，拥有全国 41.9% 的奶牛。怀卡托大区奶牛存栏量最多，占全国 22.4%；北坎特伯雷地区（North Canterbury）① 和南地大区（Southland）的奶牛存栏量分别占全国的 14.6% 和 12.0%。

新西兰南岛的奶牛场规模比北岛大。在南岛，北坎特伯雷地区的牧场规模最大，单个奶牛场的平均奶牛数量为 815 头。在北岛，吉斯伯恩大区（Gisborne）的奶牛场规模最大，单个牧场平均奶牛数量为 669 头。奥克兰大区（Auckland）、塔拉纳基大区（Taranaki）和北地大区（Northland）的奶牛场规模比较小，平均奶牛存栏量分别为 283 头、298 头和 326 头。

2015 年以来，新西兰的奶牛存栏量总体呈缓慢下降趋势，但奶牛单产水平的持续提升，牛奶产量仍持续增加。2015 年，新西兰奶牛存栏量为 505.6 万头，达到近年来的最高点，实现牛奶产量 2 158.7 万吨。2020 年，新西兰的奶牛存栏量为 492.2 万头，与 2015 年相比，小幅下降 2.7%。2020 年上半年，

---

① 坎特伯雷（Canterbury）是新西兰的一级行政区。此处被划分为两个区域，北坎特伯雷地区和南坎特伯雷地区（朗伊塔塔河 Rangitata River 以南）。

由于北岛地区出现干旱，奶业生产受到一定影响，但下半年降雨促进了北岛地区牧草生长，牛奶产量恢复[10]，2020 全年牛奶产量达到 2 198.0 万吨，同比增长 0.38％。从 2015 年至 2020 年，新西兰牛奶产量的年均复合增长率为 0.4％（图 4 - 4）。

图 4 - 4　2010—2020 年新西兰奶牛场数量及奶牛存栏量

数据来源：新西兰乳业协会

4.2.2　新西兰奶类消费趋势变化

从生产和消费结构来看，新西兰96％的牛奶产量被用于乳品加工，仅有2％左右的牛奶是以液态奶的形式被消费。2020 年，新西兰的牛奶产量为 2 198.0 万吨。其中，2 110.1 万吨被用于乳制品加工，液态奶消费量 52.5 万吨。

表 4 - 5　2015—2020 年新西兰奶类供需平衡表

项目名称	2015 年	2016 年	2017 年	2018 年	2019 年	2020 年
奶牛存栏量（万头）	505.6	499.8	486.1	499.3	494.6	492.2
奶类供应量（万吨）	2 158.9	2 122.6	2 153.3	2 202.0	2 190.0	2 198.5
牛奶产量（万吨）	2 158.7	2 122.4	2 153.0	2 201.7	2 189.6	2 198.0
乳制品进口量（万吨，原奶当量）	0.2	0.2	0.3	0.3	0.4	0.5
乳制品出口量（万吨，原奶当量）	12.1	17.4	21.1	24.5	26.9	25.0
奶类消费量（万吨）	2 146.8	2 105.2	2 132.2	2 177.5	2 163.1	2 173.5
液态奶消费量（万吨）	49.7	49.7	49.7	51.5	52.0	52.5
乳制品加工用量（万吨）	2 092.1	2 050.5	2 075.5	2 119.0	2 100.2	2 110.1
饲用消费量（万吨）	5.0	5.0	7.0	7.0	10.9	10.9
人口数量（万人）	461.5	465.9	470.2	474.3	478.3	482.2

数据来源：USDA。

近年来，新西兰奶业的稳定发展，为乳制品产量整体保持稳定奠定了基础。新西兰的乳制品以全脂奶粉为主，是世界上全脂奶粉产量最大的国家，占世界全脂奶粉产量的30%以上。2015—2020年，新西兰的主要乳制品产量基本稳定。其中，仅全脂奶粉产量呈增长态势，奶酪产量相对稳定，黄油、脱脂奶粉产量不断下降。2015年，新西兰的主要乳制品产量为273.9万吨，其中全脂奶粉产量138.0万吨，占主要乳制品产量的50.4%；2020年主要乳制品产量276.9万吨，其中全脂奶粉产量达到154.9万吨，占主要乳制品产量的比例增加到55.9%；2015—2020年，新西兰全脂奶粉产量的年均复合增长率为2.3%（表4-6、图4-5）。

表4-6 2015—2020年新西兰主要乳制品产量

年度	全脂奶粉 （万吨）	黄油 （万吨）	脱脂奶粉 （万吨）	奶酪 （万吨）	合计 （万吨）	同比 （%）
2015	138.0	59.4	41.0	35.5	273.9	−1.5
2016	132.0	57.0	40.5	36.0	265.5	−3.1
2017	138.0	52.5	40.2	38.6	269.3	1.4
2018	145.0	55.0	41.0	37.0	278.0	3.2
2019	149.0	52.5	37.5	36.5	275.5	−0.9
2020	154.9	50.0	37.0	35.0	276.9	0.5

数据来源：USDA。

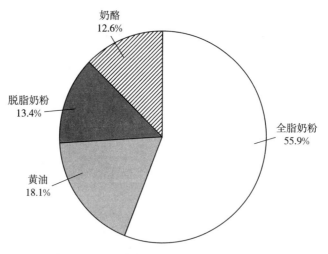

图4-5 2020年新西兰主要乳制品产量结构
数据来源：USDA

新西兰也是人均奶类消费量相对较高的国家之一。据统计，2020年新西兰的人均奶类消费量为511.4千克，其中人均液态奶消费量为309.4千克，占人均奶类消费量的比例达到60.5%，其余部分是以奶酪、黄油、奶粉等乳制品的形式被消费的。在主要乳制品中，以黄油的消费量最高，达到41.1千克，占人均奶类消费量的8.0%；其次是脱脂奶粉，消费量达到34.7千克，占人均奶类消费量的6.8%；奶酪的消费量达到30.1千克，占人均奶类消费量的5.9%；全脂奶粉的消费量占人均奶类消费量的5.5%（表4-7）。

表4-7 2015—2020年新西兰人均奶类消费量

年度	人均乳制品消费量（千克）*						人均奶类消费量（千克，折合原奶当量）*						
	液态奶	黄油	奶酪	全脂奶粉	脱脂奶粉	其他	液态奶	黄油	奶酪	全脂奶粉	脱脂奶粉	其他	合计
2015	389.2	9.3	7.8	1.5		0.9	20.3	389.2	61.5	34.3	11.5	6.6	89.5	592.6
2016	414.4	3.9	3.2	0.0	0.0	17.0	414.4	25.5	14.2	0.0	0.0	69.8	523.9
2017	392.8	10.6	11.5	8.5	0.9	20.0	392.8	70.2	50.5	64.7	4.8	85.4	668.4
2018	346.0	10.5	12.6	17.5	11.6	19.7	346.0	69.6	55.7	133.0	88.1	95.3	787.6
2019	328.0	3.6	9.0	0.0	1.3	16.1	328.0	23.5	39.6	0.0	9.5	77.0	477.5
2020	309.4	6.2	6.8	3.7	4.6	14.0	309.4	41.1	30.1	28.4	34.7	67.8	511.4

注：* 按人均表观消费量计算。

数据来源：FAO，USDA。

4.2.3 新西兰主要乳制品贸易形势

新西兰的奶类产量在2 100万吨左右，约占世界总产量的2.5%，在世界主要奶类生产国家和地区中排名第10位（以2020年奶类产量计）。由于国内人口数量少、奶类总体消费量较低，新西兰成为世界最大的乳制品出口国，国内生产的乳制品基本上全部用于出口，因此新西兰的主要乳制品出口贸易量与国内产量基本相当，新西兰出口贸易量最大的产品是全脂奶粉，占其主要乳制品出口量的50%以上。

稳定的牛奶产量和持续增长的国际市场需求，尤其是中国和东南亚市场需求的增长，支撑了新西兰乳制品出口贸易的稳定发展[11]。2015年，新西兰主要乳制品出口贸易量为267.0万吨，占世界主要乳制品出口贸易量的32.9%；2019年，增长至275.3万吨，比2015年增加3.11%，占世界主要乳制品出口贸易量的31.1%。受到新冠疫情的影响和拖累，包括出口目的国消费需求的不稳定，以及国际运输价格上涨和运力不足等原因，2020年，新西兰乳制品出口贸易量268.7万吨，同比下降2.4%，与2015年相比仅略增0.64%，占世界主要乳制品出口贸易量的29.6%。

新西兰是世界最大的全脂奶粉生产国和出口国。2015 年，新西兰的全脂奶粉出口贸易量为 138.0 万吨，占世界全脂奶粉贸易量的 53.6%；2020 年，新西兰的全脂奶粉出口贸易量增长至 153.3 万吨，占世界全脂奶粉贸易量的 55.7%；2015—2020 年，新西兰全脂奶粉的年均复合增长率为 2.1%。

新西兰同时也是世界最大的黄油出口国。但由于主要乳制品产量结构变化，新西兰的黄油产量不断下降。2015 年，新西兰的黄油出口贸易量为 55.2 万吨，占世界黄油出口贸易量的 56.8%；2020 年，新西兰的黄油出口贸易量下降至 47.1 万吨，占世界黄油出口贸易量的 47.4%。

2015—2020 年，新西兰的脱脂奶粉产量和出口贸易量都呈下降态势，奶酪产量和出口贸易量则相对稳定，基本没有变化（表 4-8、图 4-6）。

表 4-8　2015—2020 年新西兰主要乳制品出口量

年度	全脂奶粉 （万吨）	黄油 （万吨）	脱脂奶粉 （万吨）	奶酪 （万吨）	合计 （万吨）	同比 （%）
2015	138.0	55.2	41.1	32.7	267.0	1.0
2016	134.4	55.4	44.4	35.5	269.7	1.0
2017	134.2	47.6	40.1	34.3	256.2	−5.0
2018	136.9	50.1	35.8	32.2	255.0	−0.5
2019	153.6	50.9	37.3	33.5	275.3	8.0
2020	153.3	47.1	35.6	32.7	268.7	−2.4

数据来源：USDA。

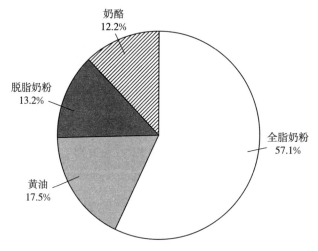

图 4-6　2020 年新西兰主要乳制品出口贸易产品结构

数据来源：USDA

4.3　欧盟奶业发展状况

4.3.1　欧盟奶业生产形势分析

欧盟奶业发展历史悠久，其天然的牧场以及良好的奶牛养殖条件令其成为世界奶类主产区，欧盟的奶类产量高达 1.6 亿吨，排名世界第二（仅次于印度），同时欧盟也是世界最大的主要乳制品生产和出口地区，对世界乳制品贸易发挥着重要作用。欧盟的奶业生产以养殖奶牛为主，牛奶产量占奶类产量的 97％以上，其他为水牛奶、山羊奶、绵羊奶等。欧盟的奶牛养殖业比较发达，奶牛养殖以家庭牧场模式为主。德国、法国、荷兰、波兰和意大利是欧盟的主要奶类生产国，这五个国家的奶类产量合计占欧盟 28 国奶类产量的 60％左右。

近年来，欧盟的奶业发展呈现牧场数量逐渐下降、养殖规模持续扩大、奶牛单产不断提升的态势。2019 年，欧盟奶牛场的数量为 107.2 万个，与 2010 年相比大幅下降 38.5％；奶牛存栏量 2 290.8 万头，比 2010 年下降 2.8％；同时，奶牛平均单产从 2010 年的 5.7 吨提升至 2019 年的 6.8 吨。欧盟各国之间的生产效率和奶牛品种等也存在一些差异，早在 2011 年荷兰的奶牛平均单产水平就达到了 8.1 吨。

欧盟的奶业整体比较发达，这与欧盟实施有效的奶业政策有密切关系。2015 年 3 月 31 日，欧盟取消了实施 31 年的牛奶配额制度。同时，国际市场供大于求、主要乳制品价格持续低迷，欧盟乳制品最大出口市场俄罗斯在 2014 年 8 月开始对其进行反制裁并实施乳制品进口禁运，以及中国消费需求增速放缓，导致欧盟奶类产量过剩和奶价大幅下跌。为了扭转奶类产品供大于求的局面和稳定市场价格，2016 年 7 月，欧盟实施暂时性牛奶减产措施，并取得一定效果；之后，在其他主产国——美国、俄罗斯、新西兰、澳大利亚的奶类产量都出现下降的情况下，世界主要乳制品价格触底反弹，欧盟的奶类产量也开始逐渐回升。2020 年，欧盟的奶类产量达到 1.62 亿吨，与 2015 年相比增长 5.0％，年均复合增长率在 1.0％。

德国是欧盟最大的奶业生产国。德国位于中欧西部，气候温和、降水均衡，非常有利于饲草作物的生长，国内优质牧草和玉米供应充足。优越的自然条件使德国的畜牧业高度发达，是欧盟奶牛存栏量最多和牛奶产量最高的国家。2020 年，奶牛存栏量为 392.1 万头，牛奶产量 3 316.5 万吨，占欧盟牛奶产量的 18.8％，平均单产为 8.5 吨。目前，德国有奶牛场 5.8 万个，以小型和中型规模场为主，奶牛场的分布较相对均匀，主要是散栏式饲养模式。

法国是欧盟第二大的奶业生产国。法国位于欧洲西部，降水量充足，盛产优质牧草，畜牧业极为发达，畜牧业产值占农业总产值的 70% 以上。法国的奶牛牧场一般都拥有大量土地，实行种养结合、农牧一体化的发展模式，奶牛场经营多是由单一家庭或者 2~4 个家庭合作经营的饲养模式。近年来，法国奶牛场数量和奶牛存栏量不断下降。2020 年，法国奶牛存栏量为 345.5 万头，较 2015 年减少 5.6%，但由于科技水平的提高以及奶牛良好的遗传性状，牛奶产量反而实现增长，2020 年，法国牛奶产量为 2 514.7 万吨，占欧盟牛奶产量的 14.8%。法国乳制品以品质著称，在国际乳制品贸易中占有重要地位，是世界第二大奶酪和乳清出口国。

荷兰是欧盟第三大奶业生产国。荷兰位于欧洲西北部，耕地匮乏；受土地资源制约，荷兰奶业因地制宜地建立以家庭农场为基本单位的生产体系，奶业生产实现了集约化、规模化的发展以及牛奶产加销一体化。在荷兰，约 60% 的农业用地被奶牛场使用，产值约占农业总产值的 18%，成为欧盟奶业最发达的国家之一。与德国和法国相似，近年来荷兰奶牛场数量也不断减少，平均规模明显增加。2020 年，荷兰奶牛场数量为 1.6 万个，奶牛存栏量 156.9 万头，平均规模 100 头/场。随着奶业专业化、技术化的发展，荷兰的牛奶产量在奶牛存栏量下降的背景下仍持续提升，达到 1 452.2 万吨，占欧盟牛奶产量的 8.5%。

4.3.2　欧盟奶类消费趋势变化

从生产和消费结构来看，欧盟 80% 左右的奶类产量被用于加工乳制品，其余 20% 左右的奶类产量以液态奶的形式被直接消费。

近年来，欧盟奶类产量的持续增加，主要乳制品产量也稳步增长。2015 年，欧盟的主要乳制品产量为 1 450.0 万吨，占世界主要乳制品产量的 32.0%；2020 年，欧盟主要乳制品产量增长至 1 532.0 万吨，比 2015 年增长 5.7%，占世界主要乳制品产量的 31.6%；2015—2020 年，欧盟主要乳制品产量的年均复合增长率为 1.1%。其中，奶酪是欧盟的最主要的乳制品，其次是黄油和脱脂奶粉，全脂奶粉产量较少（表 4-9）。

表 4-9　2015—2020 年欧盟奶类供需平衡表

项目名称	2015 年	2016 年	2017 年	2018 年	2019 年	2020 年
奶牛存栏量（万头）	2 355.9	2 354.8	2 352.5	2 331.1	2 290.8	2 263.3
奶类供应量（万吨）	15 455.3	15 555.5	15 801.6	15 926.4	15 991.1	16 224.3
奶类产量（万吨）	15 455.0	15 555.0	15 800.0	15 925.0	15 990.0	16 223.0
牛奶产量（万吨）	15 020.0	15 100.0	15 340.0	15 457.5	15 520.0	15 750.0
其他奶类产量（万吨）	435.0	455.0	460.0	468.0	470.0	473.0
乳制品进口量（万吨，原奶当量）	0.3	0.5	1.6	0.9	1.1	1.3

（续）

项目名称	2015 年	2016 年	2017 年	2018 年	2019 年	2020 年
乳制品出口量（万吨，原奶当量）	70.9	89.4	81.6	78.3	93.5	106.1
奶类消费量（万吨）	15 384.4	15 466.1	15 720.0	15 848.1	15 897.6	16 118.2
液态奶消费量（万吨）	3 380.0	3 360.0	3 355.0	3 350.0	3 330.0	3 350.0
乳制品加工用量（万吨）	12 004.4	12 106.1	12 365.0	12 498.1	12 567.6	12 768.2
饲用消费量（万吨）	0.0	0.0	0.0	0.0	0.0	0.0
人口数量（万人）	50 855.6	50 962.1	51 068.3	51 167.9	51 251.7	51 313.7

数据来源：USDA。

欧盟的奶酪年产量在 1 000 万吨左右，占主要乳制品产量的 60% 以上，是世界最大的奶酪生产地区。2015 年，欧盟的奶酪产量为 974.0 万吨，占世界奶酪产量的 42.5%；2020 年，欧盟的奶酪产量增长到 1 034.0 万吨，比 2015 年增长 6.2%，占世界奶酪产量的 41.8%。2015—2020 年，欧盟奶酪产量的年均复合增长率为 1.2%。

欧盟也是世界最大的脱脂奶粉生产地区和世界第二的黄油生产地区。2014 年以来，俄罗斯对欧盟乳制品实施进口禁运，失去俄罗斯市场后，得益于脱脂奶粉和黄油产品组合的价格优势，欧盟将过剩的牛奶加工成为脱脂奶粉和黄油；2014—2015 年，欧盟的脱脂奶粉产量和黄油产量实现大幅增长。2015 年，欧盟的脱脂奶粉产量较 2013 年增长 37.2%，黄油产量较 2013 年增长 11.2%。2015 年以来，欧盟的脱脂奶粉年产量超过 170 万吨，约占世界脱脂奶粉产量的 35%；2020 年，欧盟的脱脂奶粉产量达到 182.0 万吨，比 2015 年增长 6.1%；2015—2020 年，欧盟脱脂奶粉的年均复合增长率为 1.2%。2015—2020 年，欧盟的黄油产量都在 230 万吨以上，仅次于印度；2020 年，欧盟的黄油产量已达到 241.0 万吨，比 2015 年增长 3.2%，占世界黄油产量的 17.8%。

全脂奶粉是欧盟主要乳制品中产量最低的产品，年产量 70 万～80 万吨，仅次于新西兰和俄罗斯，是全脂奶粉的第三大产区。2020 年，欧盟的全脂奶粉产量 75 万吨，占世界全脂奶粉产量的 15.3%（表 4 - 10、图 4 - 7）。

表 4 - 10　2015—2020 年欧盟主要乳制品产量

年度	奶酪（万吨）	黄油（万吨）	脱脂奶粉（万吨）	全脂奶粉（万吨）	合计（万吨）	同比（%）
2015	974.0	233.5	171.5	71.0	1 450.0	3.0
2016	981.0	234.5	173.5	72.0	1 461.0	0.8
2017	1 005.0	234.0	172.5	76.0	1 487.5	1.8

（续）

年度	奶酪 （万吨）	黄油 （万吨）	脱脂奶粉 （万吨）	全脂奶粉 （万吨）	合计 （万吨）	同比 （%）
2018	1 016.0	234.5	173.5	73.2	1 497.2	0.7
2019	1 021.0	237.5	176.0	74.0	1 508.5	0.8
2020	1 034.0	241.0	182.0	75.0	1 532.0	1.6

数据来源：USDA。

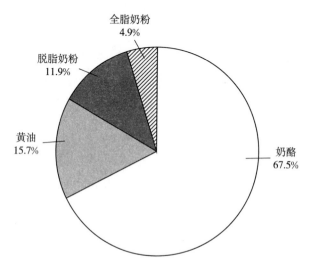

图 4-7　2020 年欧盟主要乳制品产量结构

数据来源：USDA

　　欧盟是世界上人均奶类消费量最高的地区之一。据统计，2020 年欧盟的人均奶类消费量为 274.5 千克，其中人均液态奶消费量为 98.8 千克，占人均奶类消费量的比例达到 36.0%，其余部分是以奶酪、黄油、奶粉等乳制品的形式被消费的。在主要乳制品中，以奶酪的消费量最高，达到 81.1 千克，占人均奶类消费量的比例达 29.5%；其次是黄油的消费量为 27.9 千克，占人均奶类消费量的 10.2%；脱脂奶粉和全脂奶粉的消费量分别占人均奶类消费量的 5.4% 和 2.3%（表 4-11）。

表 4-11　2015—2020 年欧盟人均奶类消费量

年度	人均乳制品消费量（千克）*						人均奶类消费量（千克，折合原奶当量）*						
	液态奶	黄油	奶酪	全脂奶粉	脱脂奶粉	其他	液态奶	黄油	奶酪	全脂奶粉	脱脂奶粉	其他	合计
2015	92.6	4.3	17.9	0.6	2.0	11.2	92.6	28.3	78.6	4.7	15.3	48.6	268.0

（续）

年度	人均乳制品消费量（千克）*						人均奶类消费量（千克，折合原奶当量）*						
	液态奶	黄油	奶酪	全脂奶粉	脱脂奶粉	其他	液态奶	黄油	奶酪	全脂奶粉	脱脂奶粉	其他	合计
2016	93.9	4.2	17.8	0.7	2.3	11.2	93.9	27.9	78.4	5.1	17.3	47.4	270.1
2017	94.4	4.3	18.2	0.7	1.9	11.3	94.4	28.2	80.0	5.5	14.1	48.7	270.9
2018	98.1	4.3	18.3	0.8	1.8	10.4	98.1	28.5	80.7	5.9	13.7	46.4	273.3
2019	97.4	4.2	18.3	0.9	1.6	10.7	97.4	28.0	80.6	6.6	11.9	46.5	271.1
2020**	98.8	4.2	18.4	0.8	1.9	10.6	98.8	27.9	81.1	6.2	14.7	45.8	274.5

注：* 按人均表观消费量计算。**2020 年欧盟统计数据不包含英国，部分数据为估计数值。

数据来源：FAO，USDA，Eurostat。

4.3.3　欧盟主要乳制品贸易形势

欧盟的主要乳制品出口贸易量世界第一，尤其是在奶酪和脱脂奶粉的出口贸易中独占鳌头。2015 年，欧盟的主要乳制品出口贸易量为 199.8 万吨，占世界主要乳制品出口贸易量的 24.6%；2020 年，欧盟的主要乳制品出口贸易量达到 235.1 万吨，与 2015 年相比增长了 17.7%。2015—2020 年，欧盟主要乳制品出口贸易量的年均复合增长率 3.3%。从主要乳制品出口贸易的产品结构来看，欧盟的乳制品贸易以奶酪和脱脂奶粉为主，黄油和全脂奶粉相对较少。2020 年，欧盟的奶酪出口贸易量占主要乳制品出口贸易量的 40.1%，脱脂奶粉占 35.3%，黄油占 10.5%，全脂奶粉占 14.1%。

欧盟是世界最大的奶酪出口地区，近年来的奶酪出口贸易量持续增长。2015 年，欧盟的奶酪出口贸易量为 71.9 万吨，占世界奶酪出口贸易量的 30.9%；由于欧盟内部消费需求和亚洲市场进口需求的持续增长，2020 年欧盟的奶酪出口贸易量达到 94.3 万吨，占世界奶酪出口贸易量的比例达到 34.1%。2020 年与 2015 年相比，欧盟的奶酪出口贸易量增长 31.2%。其间年均复合增长率达 5.6%。

欧盟也是世界最大的脱脂奶粉出口地区和世界第二的黄油出口地区。2015—2020 年，欧盟脱脂奶粉出口贸易量持续增长，年均复合增长率达 3.6%。2015 年，欧盟的脱脂奶粉出口贸易量为 69.5 万吨，占世界脱脂奶粉出口贸易量的 31.0%；2019 年增长至 96.2 万吨，比 2015 年增长 38.4%，占世界脱脂奶粉出口贸易量的比例达到 36.7%；2020 年，由于美国脱脂奶粉产品的高性价比，抢占了部分出口市场，导致欧盟脱脂奶粉出口贸易量下降至 82.9 万吨，同比下降 13.8%，占世界脱脂奶粉出口贸易量的比例也下降到

32.3%。近年来，欧盟的黄油出口贸易量总体呈增长趋势。2015年，欧盟的黄油出口贸易量为18.3万吨，占世界黄油出口贸易量的18.8%；2020年达到24.7万吨，占世界黄油出口贸易量的比例24.8%。

尽管全脂奶粉在欧盟主要乳制品出口贸易量中占比不高，但欧盟仍是世界全脂奶粉出口贸易量较大的地区，仅次于新西兰。2015年以来，欧盟全脂奶粉出口贸易量呈下降趋势。2020年欧盟全脂奶粉出口贸易量为33.2万吨，比2015年下降17.2%，占世界全脂奶粉出口贸易量的12.1%（表4-12、图4-8）。

表4-12　2015—2020年欧盟主要乳制品出口量

年度	奶酪 （万吨）	脱脂奶粉 （万吨）	全脂奶粉 （万吨）	黄油 （万吨）	合计 （万吨）	同比 （%）
2015	71.9	69.5	40.1	18.3	199.8	5.0
2016	79.9	57.9	38.2	21.2	197.2	−1.3
2017	82.8	78.0	39.3	17.4	217.5	10.3
2018	83.3	81.6	33.4	16.0	214.3	−1.5
2019	87.9	96.2	29.8	21.7	235.6	9.9
2020	94.3	82.9	33.2	24.7	235.1	−0.2

数据来源：USDA。

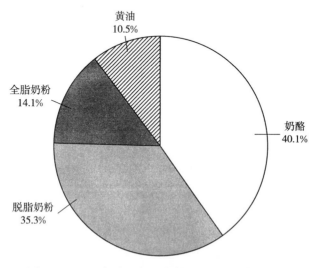

图4-8　2020年欧盟主要乳制品出口贸易产品结构
数据来源：USDA

4.4　美国奶业发展状况

4.4.1　美国奶业生产形势分析

美国是世界上最大的农产品出口国，主体部分位于北美洲中部。美国约有3.2 亿人口，其中农业人口仅占 1% 左右，使美国成为粮食输出大国。美国是畜牧业生产的超级大国，畜牧业已经实现了区域专业化、规模化、机械化、集约化发展。畜牧业产值占农业总产值的 48%，畜产品绝对产量大，人均占有量高，多种畜产品产量都位居世界前列。

美国的奶业生产在畜牧和农业中占有重要地位，除了养殖大量奶牛之外，还有少量奶山羊等。美国奶类产量位居世界第三位，主要乳制品产量位列世界第一，出口贸易量位列世界前三。美国的 50 个州均有奶牛养殖，但主要分布在美国太平洋沿岸、五大湖地区、南部平原区和东北部地区，这些地区的牛奶产量占全国的 70% 以上；加利福尼亚州、威斯康星州、爱达荷州、纽约州和得克萨斯州是牛奶产量最大的地区。美国奶牛的主要品种是荷斯坦牛、娟姗牛和其他一些乳肉兼用型品种，奶牛饲养以舍饲、家庭牧场的经营模式为主。美国非常重视奶牛后裔测定工作，对每头奶牛的血统和产奶量都有准确全面的记录，为培育高产奶牛提供了良好的基础。

近年来，美国奶业生产也呈现奶牛场数量减少、养殖规模扩大、单产水平提高的发展趋势。2010 年，美国奶牛场数量为 5.3 万个，奶牛平均养殖规模为172 头/场；到 2020 年，美国奶牛场已减少至 3.2 万个；奶牛平均养殖规模增长至 297 头/场。目前，美国 500 头以上规模奶牛场逐渐成为主流，奶牛存栏量占比已达 60% 以上。持续的育种工作、科学的饲养管理以及优良的养殖环境等，共同推动美国奶牛单产水平的不断提升。2010—2020 年，美国奶牛的单产水平从 9.6 吨增长至 10.8 吨，年均复合增长率达 1.2%。

近年来，美国的奶牛存栏量基本稳定，但随着单产水平的提升，牛奶产量持续增加。美国牛奶产量仅次于印度和欧盟，其产量的持续增长，得益于奶牛存栏量的增加、单产水平的提高，以及低廉的饲料价格和强劲的消费增长。2015 年，美国的奶牛存栏量为 932.0 万头，牛奶产量 9 457.8 万吨；2020 年，美国的奶牛存栏量为 938.8 万头，比 2015 年略增 0.73%，牛奶产量增长至1.01 亿吨，与 2015 年相比增长 7.1%。2015—2020 年，美国牛奶产量的年均复合增长率为 1.4%。

4.4.2　美国奶类消费趋势变化

从生产和消费结构来看，美国约 3/4 的牛奶产量被用于乳制品加工，液态奶消费量占比不足1/4；近年来，乳制品加工用奶量逐步增长，液态奶消费量逐渐减少。2015年，美国乳制品加工用原奶量占牛奶产量的比例为75.4%，到2020年，该比例已提高至78.5%；与此相对应的是，液态奶消费量占比从24.0%下降至20.9%（表4-13）。

表4-13 2015—2020年美国奶类供需平衡表

项目名称	2015年	2016年	2017年	2018年	2019年	2020年
奶牛存栏量（万头）	932.0	933.4	940.6	939.8	933.7	938.8
奶类供应量（万吨）	9 458.2	9 337.0	9 777.0	9 869.5	9 909.1	10 125.1
牛奶产量（万吨）	9 457.8	9 336.6	9 776.1	9 868.7	9 908.3	10 125.1
乳制品进口量（万吨，原奶当量）	0.4	0.4	0.9	0.8	0.8	0.0
乳制品出口量（万吨，原奶当量）	9.9	9.2	7.7	9.4	10.9	10.8
奶类消费量（万吨）	9 448.3	9 327.8	9 769.3	9 860.1	9 898.2	10 114.3
液态奶消费量（万吨）	2 269.8	2 254.9	2 206.7	2 162.3	2 125.0	2 120.0
乳制品加工用量（万吨）	7 134.5	7 027.8	7 517.6	7 651.7	7 726.8	7 945.1
饲用消费量（万吨）	44.0	45.1	45.0	46.1	46.4	49.2
人口数量（万人）	32 087.8	32 301.6	32 508.5	32 709.6	32 906.5	33 100.3

数据来源：USDA。

美国是世界第二的主要乳制品生产国，主要乳制品产量仅次于欧盟；2015年以来，美国主要乳制品产量呈稳定增长趋势。2015年，美国的主要乳制品产量为728.9万吨，占世界主要乳制品产量的16.1%；2020年，美国乳制品产量增长至827.5万吨，比2015年增加13.5%。2015—2020年，美国主要乳制品产量的年均复合增长率达2.6%。

美国主要乳制品的产量结构与欧盟相似，奶酪是最主要的乳制品，占美国主要乳制品产量的70%以上；其次是脱脂奶粉和黄油，全脂奶粉产量很少。美国是世界第二大奶酪生产国。近年来，美国的奶酪产量仍在持续增长。2015，美国的奶酪产量为536.7万吨，占世界奶酪产量的23.4%；2020年，美国奶酪产量增长至601.2万吨，比2015年增加12.0%，占世界奶酪产量的比例增加到24.3%。2015—2020年，美国奶酪产量的年均复合增长率为2.3%。美国是世界第二大脱脂奶粉生产国和第四大黄油生产国。2020年，美国的脱脂奶粉产量为122.7万吨，比2015年增长18.7%，占世界脱脂奶粉产量的23.7%；黄油产量97.3万吨，比2015年增长16.0%，占世界黄油产量的7.2%（表4-14、图4-9）。

表 4 - 14 2015—2020 年美国主要乳制品产量

年度	奶酪 （万吨）	脱脂奶粉 （万吨）	黄油 （万吨）	全脂奶粉 （万吨）	合计 （万吨）	同比 （%）
2015	536.7	103.4	83.9	4.9	728.9	1.8
2016	552.5	105.3	83.4	4.5	745.7	2.3
2017	573.3	107.8	83.8	5.6	770.5	3.3
2018	591.4	106.7	89.3	6.5	793.9	3.0
2019	595.9	110.7	90.5	6.4	803.5	1.2
2020	601.2	122.7	97.3	6.3	827.5	3.0

数据来源：USDA。

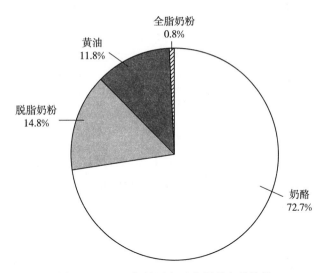

图 4 - 9 2020 年美国主要乳制品产量结构

数据来源：USDA

美国是世界上人均奶类消费量相对较高的国家之一。据统计，2020 年美国的人均奶类消费量为 296.9 千克，其中人均液态奶消费量为 64.0 千克，占人均奶类消费量的比例为 21.6%，其余部分是以奶酪、黄油、奶粉等乳制品的形式被消费的。在主要乳制品中，以奶酪的人均消费量最高，达到 80.3 千克，超过了液态奶的人均消费量，占人均奶类消费量的 27.0%；其次是黄油，占人均奶类消费量的 6.4%；脱脂奶粉和全脂奶粉的人均消费量分别占人均奶类消费量的 0.3% 和 3.0%（表 4 - 15）。

表 4 - 15　2015—2020 年美国人均奶类消费量①

年度	人均乳制品消费量（千克）						人均奶类消费量（千克，折合原奶当量）						
	液态奶*	黄油	奶酪	全脂奶粉	脱脂奶粉	其他**	液态奶	黄油	奶酪	全脂奶粉	脱脂奶粉	其他	合计
2015	70.3	2.5	16.9	0.2	1.5	16.0	70.3	16.8	74.3	1.2	11.4	111.2	285.1
2016	69.4	2.6	17.5	0.1	1.4	15.5	69.4	17.1	77.0	0.9	10.3	117.5	292.3
2017	67.6	2.6	17.7	0.2	1.3	15.1	67.6	17.1	77.9	1.2	9.6	118.3	291.7
2018	65.8	2.7	18.2	0.2	1.1	14.9	65.8	18.1	80.1	1.2	8.2	118.9	292.3
2019	64.0	2.8	18.3	0.2	1.2	15.3	64.0	18.4	80.7	1.2	9.5	121.9	295.5
2020	64.0	2.9	18.3	0.1	1.2	14.9	64.0	18.9	80.3	1.0	9.0	123.8	296.9

注：* 人均液态奶消费量中不含酸奶。**其他产品中，以冰激凌的人均消费量最大，达到 8 千克以上。

数据来源：USDA。

4.4.3　美国主要乳制品贸易形势

美国是世界第三大的主要乳制品出口国，位居新西兰和欧盟之后。2015 年以来，美国的主要乳制品出口贸易量持续增长。2015 年，美国的主要乳制品出口贸易量为 91.3 万吨，占世界主要乳制品出口贸易量的 11.3%；2020 年增长到 123.1 万吨，比 2015 年增加 34.8%，占世界主要乳制品出口贸易量的比例提高至 13.6%。2015—2020 年，美国主要乳制品出口贸易量复合增长率为 6.2%。

从主要乳制品出口贸易的产品结构来看，美国的乳制品出口贸易以脱脂奶粉和奶酪为主，黄油和全脂奶粉的出口贸易量很少。2020 年，美国的脱脂奶粉出口贸易量占主要乳制品出口贸易量的 65.8%，奶酪占 28.8%，黄油占 2.2%，全脂奶粉占 3.2%。

脱脂奶粉是美国乳制品贸易中出口量最大的产品，出口贸易量占其产量的一半以上；近年来增长趋势非常明显。2015 年，美国的脱脂奶粉出口贸易量为 55.8 万吨，占世界脱脂奶粉出口贸易量的 24.9%。与欧盟相比，美国脱脂奶粉具有强劲的价格优势，最大价差曾超过 250 美元/吨；2020 年，美国的脱脂奶粉出口贸易量增长至 81.0 万吨，比 2015 年增长 45.2%，占世界脱脂奶粉出口贸易量的 31.6%。2015—2020 年，美国脱脂奶粉出口贸易量的年均复合增长率为 7.7%。

美国是奶酪生产大国，但基本以国内消费为主。奶酪出口贸易量在 30 万吨以上，约占其国内产量的 6%。随着美国奶酪出口贸易量的持续增长，在

① 美国人均奶类消费量数据详见表5-3。

2018 年超过新西兰成为世界第二的奶酪出口国，仅次于欧盟。2015 年，美国的奶酪出口贸易量为 31.7 万吨，占世界奶酪出口贸易量的 13.6%；2020 年，奶酪出口贸易量增长至 35.5 万吨，比 2015 年增长 12.0%，占世界奶酪出口贸易量的 12.8%。2015—2020 年，美国奶酪出口贸易量的年均复合增长率为 2.3%。

美国的黄油基本以国内消费为主，出口贸易量很少，仅相当于国内产量的 3%。2020 年，美国黄油出口贸易量为 2.7 万吨，占世界黄油出口贸易量的 2.7%。美国的全脂奶粉产量很少，国内消费量也很少，因此全脂奶粉的出口贸易量占比也相对较高。2020 年，美国全脂奶粉产量为 6.3 万吨，其中 61.9% 用于出口，出口贸易量为 3.9 万吨，占世界全脂奶粉出口贸易量的 1.4%（表 4-16、图 4-10）。

表 4-16　2015—2020 年美国主要乳制品出口量

年度	脱脂奶粉（万吨）	奶酪（万吨）	黄油（万吨）	全脂奶粉（万吨）	合计（万吨）	同比（%）
2015	55.8	31.7	2.3	1.5	91.3	−9.2
2016	59.4	28.7	2.7	1.9	92.7	1.5
2017	60.6	34.0	2.9	1.8	99.3	7.1
2018	71.2	34.8	4.9	2.8	113.7	14.5
2019	70.1	35.7	2.6	2.9	111.3	−2.1
2020	81.0	35.5	2.7	3.9	123.1	10.6

数据来源：USDA。

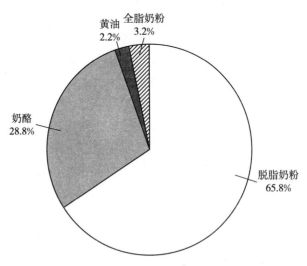

图 4-10　2020 年美国主要乳制品出口贸易产品结构

数据来源：USDA

4.5 加拿大奶业发展状况

4.5.1 加拿大奶业生产形势分析

加拿大是世界上农业最发达、农业竞争力最强的国家之一。位于北美洲北部，东西北三面环洋，南接美国。大部分地区属于副极地大陆性气候和温带大陆性湿润气候，北部极地区域为极地长寒气候。凭借丰富的自然资源和得天独厚的生产条件，加拿大的农牧业在国家经济中占有重要地位，以谷类、油菜籽、蔬菜、肉类和乳制品著称世界。农牧业机械化程度很高，农牧业从业人数 28 万，占全国劳动人口的 1.5%。主要畜产品包括牛肉、猪肉、牛奶和乳制品等。

奶业是加拿大的传统产业，也是仅次于粮食和肉类的第三大农业食品生产部门，在加拿大的农牧业中拥有突出的地位。为了保护奶农利益和应对奶业特有的生产规律，加拿大自 20 世纪 70 年代开始建立牛奶供需管理系统[12]，奶业生产实行配额制度①，通过对牛奶生产供应、价格管理和乳制品进口限制等来稳定国内奶业生产[13]。由于加拿大的奶业生产实施配额制度，使其牛奶产量不能和其他的主要奶业国家和地区直接比较。

近年来，加拿大的奶类产量持续增长，目前已接近 1 000 万吨，占世界奶类产量的 1.1%。加拿大的奶牛育种、生产组织管理方式等均处于世界领先地位，种牛、奶牛精液和胚胎等出口到欧盟、亚太等多个国家和地区。近年来，加拿大奶牛场数量不断下降、奶牛养殖规模增加。2010 年，加拿大奶牛场数量为 1.3 万个，平均存栏规模为 74 头；2020 年，加拿大牧场数量减少至 1.0 万个，平均存栏规模增加到 97 头；同时，奶牛单产水平也从 2010 年的 8.5 吨提高至 2020 年的 10.3 吨。加拿大的奶牛场大多分布在南部地区，其中约 80% 以上分布在安大略省和魁北克省，13% 分布在西部地区，5% 分布在大西洋沿海地区。加拿大奶牛养殖为舍饲模式，多以家庭式饲养，奶牛存栏规模一般都在 300 头以内。

2010 年以来，加拿大奶牛存栏量基本稳定在 96 万头左右。2020 年，加拿大奶牛存栏量为 96.7 万头，与 2015 年相比增加了 1.4%；由于奶牛单产水平的不断提升，2020 年加拿大的奶类产量达到 995.0 万吨，比 2015 年增加

---

① 加拿大奶业"配额"制度：加拿大联邦政府农业主管部门根据全国奶类的市场需要规定全国原奶产量，再根据各省奶牛饲养的历史状况和人口变化，将生产配额分配到各省；各省把配额分到农场，农场主根据配额进行牛奶生产。配额每月计算一次，每两个月调整一次。市场需求每增加 1%，则配额相应增加 1%；反之，则相应降低。配额的计算依据为牛奶中黄油量。按牛奶含脂率 3.5% 计算，2 000 千克奶含 70 千克黄油。配额可流通、可继承、可买卖，一般配额价格为牛奶产量价值的 5 倍。若农场主无法完成配额，管理部门可强制要求其卖出配额，以保证牛奶产量满足市场需求。

13.4%，占世界奶类产量的 1.1%。2015—2020 年，加拿大奶类产量的年均复合增长率为 2.5%。

4.5.2　加拿大奶类消费趋势变化

从生产和消费结构来看，加拿大大部分牛奶产量被用于乳制品加工，液态奶消费量占比不足 1/3；近年来乳制品加工用奶量持续增长，液态奶消费量相应下降。2015 年，加拿大牛奶产量 877.3 万吨，其中 62.4% 被用于乳制品加工，液态奶消费量占 33.3%；2020 年，加拿大牛奶产量 995.0 万吨，其中乳制品加工用奶量占比提高至 66.8%，相应的，液态奶消费量占比下降至 28.9%（表 4-17）。

表 4-17　2015—2020 年加拿大奶类供需平衡表

项目名称	2015 年	2016 年	2017 年	2018 年	2019 年	2020 年
奶牛存栏量（万头）	95.4	94.5	94.5	97.0	96.8	96.7
奶类供应量（万吨）	882.0	913.0	971.6	998.3	994.9	1 000.5
牛奶产量（万吨）	877.3	908.1	967.5	994.4	990.3	995.0
乳制品进口量（万吨，原奶当量）	4.7	4.9	4.1	3.9	4.6	5.5
乳制品出口量（万吨，原奶当量）	0.4	0.6	0.9	0.7	1.1	2.5
奶类消费量（万吨）	881.6	912.4	970.7	997.6	993.3	998.0
液态奶消费量（万吨）	292.3	291.7	288.4	283.2	281.6	287.5
乳制品加工用量（万吨）	547.7	577.2	634.7	665.6	667.0	665.0
饲用消费量（万吨）	41.6	43.5	47.6	48.8	45.2	45.5
人口数量（万人）	3 602.7	3 638.3	3 673.2	3 707.5	3 741.1	3 774.2

数据来源：USDA。

加拿大主要乳制品产量较低，仅占世界主要乳制品产量的 1.5%；自 2015 年以来，加拿大的主要乳制品产量持续增长。2015 年，加拿大主要乳制品产量为 61.5 万吨；2020 年，增长至 72.8 万吨，比 2015 年增加 18.4%；期间年均复合增长率达 3.4%。

奶酪是加拿大最主要的乳制品，占主要乳制品产量的 70% 左右；其次是黄油和脱脂奶粉，全脂奶粉产量很少。加拿大是世界第五的奶酪生产国，近年来奶酪产量持续增长。2015 年，加拿大的奶酪产量为 41.9 万吨，占世界奶酪产量的 1.8%；2020 年，加拿大奶酪产量增长至 51.0 万吨，比 2015 年增加 21.7%，占世界奶酪产量的比例增加到 2.1%。2015—2020 年，加拿大奶酪产量的年均复合增长率为 4.0%。加拿大的黄油、脱脂奶粉产量都相对较低，但黄油产量持续增长，脱脂奶粉产量呈下降趋势。2020 年，加拿大的黄油产量为 12.0 万吨，比 2015 年增长 31.9%，占世界黄油产量的 0.9%；2015—2020 年，加拿大黄油产量的年均复合增长率为 5.7%。2020 年，加拿大的脱脂奶粉产量为 9.0 万吨，比 2015 年下降 8.2%，占世界脱脂奶粉产量的 1.7%。加拿大的全脂奶粉产量连续多年不足 1 吨，2020 年仅 0.8 万吨，占世界全脂奶粉产量的 0.2%（表 4-18、图 4-11）。

表 4-18　2015—2020 年加拿大主要乳制品产量

年度	奶酪（万吨）	黄油（万吨）	脱脂奶粉（万吨）	全脂奶粉（万吨）	合计（万吨）	同比（%）
2015	41.9	9.1	9.8	0.7	61.5	7.6
2016	44.5	9.3	10.3	0.7	64.8	5.4
2017	49.7	10.9	10.9	0.7	72.2	11.4
2018	51.0	11.6	10.8	0.7	74.1	2.7
2019	51.5	11.2	9.7	0.7	73.1	−1.4
2020	51.0	12.0	9.0	0.8	72.8	−0.5

数据来源：USDA。

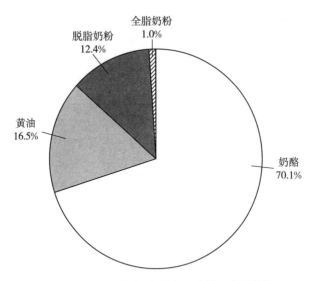

图 4-11　2020 年加拿大主要乳制品产量结构

数据来源：USDA

　　加拿大是世界上人均奶类消费量最高的国家之一。据统计，2020 年加拿大的人均奶类消费量为 262.5 千克，其中人均液态奶消费量为 127.4 千克，占人均奶类消费量的比例达到 48.5%，其余部分是以奶酪、黄油、奶粉等乳制品的形式被消费的。在主要乳制品中，以奶酪的消费量最高，达到 63.0 千克，占人均奶类消费量的 24.0%；其次是黄油，占人均奶类消费量的 9.3%；脱脂奶粉和全脂奶粉的消费量分别占人均奶类消费量的 4.1% 和 0.6%（表 4－19）。

表 4－19　2015—2020 年加拿大人均奶类消费量

年度	人均乳制品消费量（千克）						人均奶类消费量（千克，折合原奶当量）						
	液态奶	黄油	奶酪	全脂奶粉	脱脂奶粉	其他	液态奶	黄油	奶酪	全脂奶粉	脱脂奶粉	其他	合计
2015	110.0	3.0	12.0	0.2	2.4	12.4	110.0	19.6	52.9	1.3	18.4	48.5	250.6
2016	123.4	3.3	12.6	0.2	2.3	10.0	123.4	21.6	55.5	1.8	17.3	37.4	257.1
2017	127.6	3.5	13.9	0.2	1.1	8.8	127.6	23.4	61.3	1.8	8.5	30.7	253.3
2018	130.7	3.7	14.3	0.2	1.2	8.6	130.7	24.2	63.1	1.7	9.4	29.6	258.8
2019	127.5	3.6	14.4	0.2	1.4	10.2	127.5	23.8	63.4	1.7	10.8	38.2	265.3
2020	127.4	3.7	14.3	0.2	1.4	9.7	127.4	24.3	63.0	1.7	10.7	35.4	262.5

数据来源：FAO，USDA。

4.5.3　加拿大主要乳制品贸易形势

由于奶业配额制度的存在以及通过关税等严格控制乳制品进口，加拿大的乳制品产量及消费量基本保持一致。因此，加拿大的乳制品基本是以国内消费为主，进口贸易量和出口贸易量都很少。

加拿大进口的主要乳制品是少量的黄油和奶酪。2020 年，加拿大的主要乳制品进口量为 6.9 万吨，比 2015 年增长 45.1%，仅占世界主要乳制品进口贸易量的 0.8%；其中，进口黄油 2.4 万吨，进口奶酪 4.1 万吨，进口脱脂奶粉和全脂奶粉各 0.2 万吨。

加拿大出口的主要乳制品是少量的奶酪和脱脂奶粉。2020 年，加拿大的主要乳制品出口量为 5.6 万吨，比 2015 年增长 93.1%，占世界主要乳制品出口贸易量的 0.6%；其中，出口奶酪 1.1 万吨，出口脱脂奶粉 3.9 万吨，出口黄油 0.5 万吨，出口全脂奶粉 0.1 万吨（表 4－20、图 4－12）。

表 4－20　2015—2020 年加拿大主要乳制品出口量

年度	脱脂奶粉（万吨）	奶酪（万吨）	黄油（万吨）	全脂奶粉（万吨）	合计（万吨）	同比（%）
2015	1.4	1.2	0.1	0.2	2.9	－3.7
2016	2.4	1.3	0.1	0.1	3.9	32.6

（续）

年度	脱脂奶粉 （万吨）	奶酪 （万吨）	黄油 （万吨）	全脂奶粉 （万吨）	合计 （万吨）	同比 （％）
2017	7.2	1.3	0.1	0.1	8.7	122.1
2018	6.6	1.0	0.2	0.1	7.9	−9.4
2019	4.7	1.2	0.2	0.1	6.2	−21.0
2020	3.9	1.1	0.5	0.1	5.6	−9.4

数据来源：USDA。

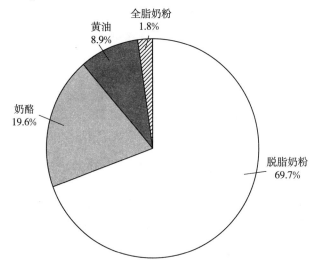

图 4-12　2020 年加拿大主要乳制品出口贸易产品结构
数据来源：USDA

4.6　印度奶业发展状况

4.6.1　印度奶业生产形势分析

印度，位于南亚，是南亚次大陆最大的国家。整体地势低矮平缓，北部是山岳地区，中部是印度河—恒河平原，南部是德干高原及海岸平原。全境炎热，大部分属于热带季风气候。在热带季风及冲积平原和热带黑土等条件下，大部分土地农作物一年四季均可生长。印度的奶业在农业和食品行业中占有重要地位，乳制品是印度日常饮食中最传统、最重要的营养来源。在印度，奶业生产还有特殊的贡献，它是大量农村家庭的重要收入来源，在提供就业和创收方面发挥着重要作用，为促进农业经济发展、改善农民生存状况、维持农村社会稳定提供了重要保证。

与其他主要奶业生产国家和地区不同的是，印度奶业的发展主要是依靠小规模、大群体的方式来实现，约有 7 000 万个家庭参与奶业生产，属于典型的散养模式。大约 95% 的印度奶牛场（户）仅饲养 1～5 头奶牛，遗传育种能力低、饲养技术差、兽医服务不足、饲料资源匮乏导致奶牛单产水平较低。1970—1996 年的"白色革命"[14]，显著地促进了印度奶业的发展。印度炎热的气候令牛奶生产需要强大的后续加工环节，奶业合作社模式[15]的广泛建立成为印度奶业快速发展的关键环节，从村到区再到邦层层联网、遍及全国的奶业合作社组织拥有强大的牛奶加工能力和正式的牛奶销售渠道，通过奶业合作社可以将广大农村地区的小规模养殖户与城市里的消费者连接起来。

印度是世界最大的奶类生产国，奶畜存栏量世界第一。印度的奶畜动物种类较多，除了引进奶牛品种（荷斯坦和娟姗牛等）之外，还有大量的地方品种牛、水牛，以及少量的大额牛、牦牛、奶山羊等。2000 年以后，印度成为世界奶类产量最大的国家。与印度奶畜动物种类繁多相对应的是，水牛奶产量占奶类产量的 49%[16]；牛奶产量仅占奶类产量的 48%，其中引进奶牛的牛奶产量占 27%，地方品种牛的牛奶产量占 21%；山羊奶产量约占奶类产量的 3%。由于人口数量增长，人均收入增加，奶类消费需求快速增长，拉动了印度奶类产量持续稳步增长。2020 年，印度奶类产量达到 1.95 亿吨，与 2015 年相比增长了 25.8%，占世界奶类产量的 22.1%；其中，牛奶产量 9 380 万吨。2015—2020 年，印度奶类产量的年均复合增长率为 4.6%。2020 年，印度奶牛存栏量 5 645 万头，居世界第一。但是相应的奶牛单产水平仅有 1.7 吨，还不及美国奶牛单产水平的 1/6 或者欧盟奶牛单产水平的 1/4（表 4 - 21）。

印度有 15 个奶类主产区，合计奶类产量占全国的 90% 以上[17]；其中排名前五的依次是：北方邦（奶类产量占全国的 16.3%）、拉贾斯坦邦（12.6%）、中央邦（8.5%）、安得拉邦（8.0%）、古吉拉特邦（7.7%），这五个地区的奶类产量合计占全国的 53.1%。印度多个省禁止屠宰奶牛，所以绝大多数的奶牛可以快乐地活着直至自然老去。

4.6.2　印度奶类消费趋势变化

印度的人均奶类消费量在发展中国家相对较高。由于宗教原因，印度素食人口数量众多，为了满足人体必需的蛋白质的摄入需求，印度人很早就形成了喝牛奶的习惯。由于广泛的缺少高植物蛋白作物的种植传统，为了增加国民营养、改善国民体质，印度政府在 20 世纪 70 年代初开始在全国范围内大力提倡饲养奶牛，希望通过迅速提高牛奶产量，以补充国民体质所必需的蛋白质的摄入量，助推了印度奶类消费需求的增长。迄今为止，除了豆类之外，牛奶和乳制品是印度消费者的主要蛋白质来源，尤其是素食者群体（表 4 - 21）。

表 4 - 21　2015—2020 年印度奶类供需平衡表

项目名称	2015 年	2016 年	2017 年	2018 年	2019 年	2020 年
奶牛存栏量（万头）	5 250.0	5 350.0	5 400.0	5 248.2	5 460.0	5 645.0
奶类供应量（万吨）	15 548.1	16 511.8	17 606.1	18 770.0	19 100.0	19 480.0
奶类产量（万吨）	15 548.1	16 511.8	17 606.1	18 770.0	19 100.0	19 480.0
牛奶产量（万吨）	7 364.5	7 809.9	8 363.4	8 980.0	9 200.0	9 380.0
其他奶类产量（万吨）	8 183.6	8 701.9	9 242.7	9 790.0	9 900.0	10 100.0
乳制品进口量（万吨，原奶当量）	0.0	0.0	0.0	0.0	0.0	0.0
乳制品出口量（万吨，原奶当量）	0.5	0.5	0.8	0.9	1.0	1.0
奶类消费量（万吨）	15 547.6	16 511.3	17 605.3	18 769.1	19 099.0	19 479.0
液态奶消费量（万吨）	6 375.0	6 770.0	7 218.5	7 700.0	7 900.0	8 100.0
乳制品加工（万吨）	9 172.6	9 741.3	10 386.8	11 069.1	11 199.0	11 379.0
饲用消费量（万吨）	0.0	0.0	0.0	0.0	0.0	0.0
人口数量（万人）	131 015.2	132 451.7	133 867.7	135 264.2	136 641.8	138 000.4

数据来源：USDA。

印度的乳制品生产供应几乎全部都是为满足国内需求。印度的主要乳制品中黄油（含酥油）所占比例高达 90％以上，其余部分主要是脱脂奶粉。2015 年，印度的主要乳制品产量为 558.2 万吨，占世界主要乳制品产量的 12.3％；2020 年，印度的主要乳制品产品增长到 676.9 万吨，与 2015 年相比增长了 21.3％，占世界主要乳制品产量的比例增加到 14.0％；2015—2020 年，印度的主要乳制品的年均复合增长率为 3.9％。

酥油是印度料理[①]的主要原料，因此酥油成为印度消费量最大的乳制品。2015 年，印度的黄油产量为 503.5 万吨，占世界黄油产量的 41.6％；2020 年，印度黄油产量增长至 610.0 万吨，比 2015 年增长 21.2％，占世界黄油产量的 44.9％；2015—2020 年，印度黄油产量的年均复合增长率为 3.9％。

2020 年，印度的脱脂奶粉产量为 66.0 万吨，比 2015 年增长 22.2％，占

---

①　印度的牛奶料理：单纯以牛奶为主要食材来进行创意料理，没有任何国家能比得上印度。印度煮浓牛奶的方式多达数十种，而其中有许多方法可回溯到 1 000 年前，这是因为要防止牛奶酸掉，最简单的方法就是不断煮沸。牛奶最后会煮成棕色、固态膏状，成分大约为 10％的水、25％的乳糖、20％的蛋白质及 20％的乳脂。这种浓缩牛奶称为 khoa，不必加糖就已经很像糖果，因此长期以来，khoa 及其较低浓度的 khoa 自然就广泛用来作为印度牛奶糖果的原料。例如类似甜甜圈般炸过的 gulab jamun，以及软糖般的 burfi. 都富含乳糖、钙以及蛋白质，相当于将一杯牛奶浓缩成为一口的分量。另一种不同类型的印度牛奶糖果，是加热时加入莱姆汁或酸乳清，使乳固体凝结而浓缩。滤干的凝乳形成柔软而潮湿的物质 chhanna，成为各种糖果的基本材料，最著名的就是浸在甜牛奶或糖浆里的海绵蛋糕（rasmalai 与 rasagollah）。

世界脱脂奶粉产量的 12.8%；2015—2020 年，印度脱脂奶粉产量的年均复合增长率为 4.1%（表 4-22、图 4-13）。

表 4-22　2015—2020 年印度主要乳制品产量

年度	黄油（万吨）	脱脂奶粉（万吨）	奶酪（万吨）	全脂奶粉（万吨）	合计（万吨）	同比（%）
2015	503.5	54.0	0.4	0.3	558.2	3.1
2016	520.0	54.0	0.4	0.5	574.9	3.0
2017	540.0	57.0	0.4	0.4	597.8	4.0
2018	560.0	60.0	0.4	0.4	620.9	3.9
2019	585.0	63.5	0.4	0.5	649.4	4.6
2020	610.0	66.0	0.5	0.5	676.9	4.2

数据来源：USDA，FAO。

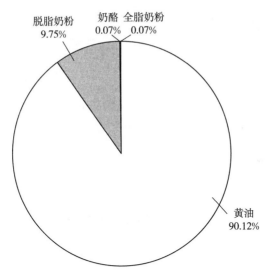

图 4-13　2020 年印度主要乳制品产量结构
数据来源：USDA

印度是亚洲地区人均奶类消费量相对较高的国家。据统计，2020 年印度的人均奶类消费量为 139.2 千克，其中人均液态奶消费量为 106.5 千克，占人均奶类消费量的比例达到 76.5%，其余部分是以黄油、脱脂奶粉等乳制品的形式被消费的。在主要乳制品中，以黄油的消费量最高，达到 29.1 千克，占人均奶类消费量的 20.9%；其次是脱脂奶粉，占人均奶类消费量的 2.6%；印度几乎没有奶酪和全脂奶粉的消费（表 4-23）。

表 4 - 23　2015—2020 年印度人均奶类消费量

年度	人均乳制品消费量（千克）*						人均奶类消费量（千克，折合原奶当量）*						
	液态奶	黄油	奶酪	全脂奶粉	脱脂奶粉	其他	液态奶	黄油	奶酪	全脂奶粉	脱脂奶粉	其他	合计
2015	88.6	3.8	0.0	0.0	0.4	0.0	88.6	25.3	0.0	0.0	3.0	0.1	117.0
2016	94.0	3.9	0.0	0.0	0.4	0.0	94.0	25.9	0.0	0.0	3.0	0.1	122.9
2017	99.9	4.0	0.0	0.0	0.4	0.0	99.9	26.6	0.0	0.0	3.2	0.1	129.7
2018	106.2	4.1	0.0	0.0	0.4	0.0	106.2	27.2	0.0	0.0	3.1	0.1	136.5
2019	106.2	4.2	0.0	0.0	0.5	0.0	106.2	28.0	0.0	0.0	3.5	0.1	137.7
2020	106.5	4.4	0.0	0.0	0.5	0.0	106.5	29.1	0.0	0.0	3.6	0.1	139.2

注：* 按人均表观消费量计算。

数据来源：FAO，USDA。

4.6.3　印度主要乳制品贸易形势

印度是世界上最大的奶类生产国，但在乳制品国际贸易中的参与度却非常低，这主要是由于人口数量超过 13 亿，奶类消费需求巨大，目前印度的奶类产量仅能满足国内消费市场需求。

2020 年，印度的主要乳制品进口量仅 0.4 万吨，占世界主要乳制品进口贸易量的 0.04%，主要进口产品是极少量的奶酪、黄油和脱脂奶粉。

2020 年，印度的主要乳制品出口贸易量仅有 3.6 万吨，比 2015 年增长 12.5%，占世界主要乳制品出口贸易量的 0.4%；其中，黄油出口贸易量2.0 万吨，占主要乳制品出口贸易量的 55.6%；奶酪出口贸易量 0.8 万吨，占比 22.2%；脱脂奶粉出口贸易量 0.5 万吨，占比 13.9%（表 4 - 24、图 4 - 14）。

表 4 - 24　2015—2020 年印度主要乳制品出口贸易量

年度	黄油（万吨）	奶酪（万吨）	脱脂奶粉（万吨）	全脂奶粉（万吨）	合计（万吨）	同比（%）
2015	0.9	0.4	1.8	0.1	3.2	-59.1
2016	0.9	0.6	1.9	0.1	3.5	7.2
2017	1.5	0.6	1.0	0.2	3.4	-3.6
2018	3.3	0.8	4.3	0.3	8.6	157.3
2019	4.7	0.7	0.8	0.3	6.5	-24.7
2020	2.0	0.8	0.5	0.3	3.6	-44.1

数据来源：USDA。

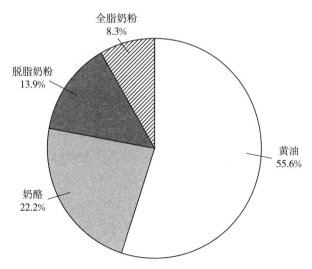

图 4 - 14   2020 年印度主要乳制品出口贸易量结构

数据来源：USDA

4.7 巴基斯坦奶业发展状况

4.7.1 巴基斯坦奶业生产形势分析

巴基斯坦位于南亚次大陆西北部，南部属热带气候，其余属亚热带气候。全境 3/5 为山区和丘陵，南部沿海为沙漠，向北则是连绵的高原牧场和肥田沃土。巴基斯坦的工业基础则相对薄弱，是一个典型农业国家，经济以农业为主，农业产值占国内生产总值 20% 以上，为 42.3% 的人口提供就业机会，大多数巴基斯坦人仍然生活在农村地区，并直接和间接地依赖农业作为谋生手段。在巴基斯坦，畜牧业是农业中的一个重量级部门，它对农业附加值的贡献达 58.9%，在巴基斯坦 GDP 中占据 11.1% 的份额，甚至高于种植业、渔业和林业三个部门的总份额[18]。奶业是巴基斯坦农业经济中的重要组成部分，牛奶产量和消费需求巨大，因此奶业的发展对于巴基斯坦的经济和人民生活都具有重要影响。

奶牛和水牛是巴基斯坦的主要奶畜种类，此外还有部分奶山羊和绵羊等动物。根据粮农组织数据，2020 年巴基斯坦的奶类产量为 5 772 万吨，占世界奶类产量的 6.6%，居世界第四位。其中，牛奶产量为 2 126 万吨，占奶类产量的 36.8%，水牛奶产量 3 437 万吨，占奶类产量的 59.5%，山羊奶和绵羊奶产量仅占 3.6%。巴基斯坦有大约 680 万个家庭奶牛场，但其中 95% 以上是小型奶牛场，拥有 1～9 头奶牛；其余 5% 的奶牛场养殖了 20% 的奶牛和水牛，养殖场规模从 10 头到 100 头不等，很少有奶牛场超过 100 头奶牛。

2015 年，巴基斯坦奶牛存栏量 1 216.7 万头，牛奶产量 1 496.5 万吨。2020 年，奶牛存栏量增长至 1 410.8 万头，牛奶产量增长至 2 125.6 万吨。2015—2020 年，巴基斯坦牛奶产量年均复合增长率 7.3%（表 4 - 25）。

表 4 - 25　2015—2020 年巴基斯坦奶类产量表

项目名称	年度					
	2015	2016	2017	2018	2019	2020
奶牛存栏量（万头）	1 216.7	1 262.5	1 310.1	1 359.5	1 410.8	1 410.8
奶类产量（万吨）	4 159.2	4 294.5	5 248.2	5 419.2	5 595.7	5 772.2
牛奶产量（万吨）	1 496.5	1 552.9	1 913.6	1 985.8	2 060.6	2 125.6
其他奶类产量（万吨）	2 662.7	2 741.6	3 334.6	3 433.4	3 535.1	3 646.6
奶牛单产（吨/头）	1.2	1.2	1.5	1.5	1.5	1.5

数据来源：FAO。

4.7.2　巴基斯坦奶类消费趋势变化

巴基斯坦的牛奶加工业起步晚，近年来才逐渐成熟，全国仅有数家乳制品加工厂，乳制品产量较低。在巴基斯坦，乳制品加工厂销售的加工牛奶仅占该国牛奶产量的 4%，全国 96% 的牛奶产量用于家庭内部消费。调查显示，巴基斯坦 47% 的消费者只食用新鲜牛奶（其中 63% 来自农村地区）[19]。

巴基斯坦的主要乳制品仅有黄油一类产品。2015，巴基斯坦的黄油产量为 93.8 万吨，占世界黄油产量的 7.7%；2020 年增长至 109.1 万吨，比 2015 年增加 16.3%，占世界黄油产量的比例达到 8.0%；2015—2020 年，巴基斯坦黄油产量的年均复合增长率为 3.1%（表 4 - 26）。

表 4 - 26　2015—2020 年巴基斯坦主要乳制品产量

年度	黄油（万吨）	同比（%）
2015	93.8	3.0
2016	96.6	3.0
2017	99.5	3.0
2018	102.4	3.0
2019	105.8	3.3
2020	109.1	3.2

数据来源：FAO。

巴基斯坦是亚洲人均奶类消费量最高的国家。据统计，2020 年巴基斯坦

的人均奶类消费量为 263.5 千克，其中，大部分是以液态奶形式消费的，液态
奶消费量占人均奶类消费量的比例达 86.7%，仅少量是以黄油等乳制品的形
式消费的。主要乳制品中，以黄油的消费量最高，折合原奶当量相当于
32.6 千克的人均奶类消费量，占人均奶类消费量的 12.4%；巴基斯坦脱脂奶
粉的消费量很低，折合原奶当量仅 1.6 千克的人均奶类消费量，占人均奶类消
费量的 0.6%；巴基斯坦几乎没有奶酪和全脂奶粉的消费（表 4 - 27）。

表 4 - 27　2015—2020 年巴基斯坦人均奶类消费量

年度	人均乳制品消费量（千克）*						人均奶类消费量（千克，折合原奶当量）*						
	液态奶	黄油	奶酪	全脂奶粉	脱脂奶粉	其他	液态奶	黄油	奶酪	全脂奶粉	脱脂奶粉	其他	合计
2015	177.2	4.7	0.0	0.0	0.2	0.2	177.2	31.1	0.0	0.0	1.7	1.2	211.1
2016	179.3	4.8	0.0	0.0	0.2	0.2	179.3	31.4	0.0	0.0	1.6	1.3	213.6
2017	220.6	4.8	0.0	0.0	0.2	0.2	220.6	31.6	0.0	0.0	1.6	1.2	254.9
2018	223.2	4.8	0.0	0.0	0.2	0.2	223.2	31.9	0.0	0.0	1.4	1.1	257.5
2019	225.9	4.9	0.0	0.0	0.2	0.2	225.9	32.2	0.0	0.0	1.4	1.2	260.8
2020	228.5	4.9	0.0	0.0	0.2	0.2	228.5	32.6	0.0	0.0	1.6	0.8	263.5

注：* 按人均表观消费量计算。
数据来源：FAO。

巴基斯坦的乳制品加工发展空间很大。从奶业生产的角度来看，巴基斯坦
是全球第四大奶类生产国，奶类产量巨大，除了牛奶之外，奶山羊的养殖数量
位列全球前列，山羊奶的产量很大，给未来乳制品加工发展提供了良好的基础。
从奶类消费需求的角度来看，巴基斯坦人口数量达 2 亿以上，本身就是一个巨大
的乳制品消费市场，由于信仰伊斯兰教，对于奶类饮品的消费需求也相对较大。
再者，由于国内劳动力资源丰富，十分有利于乳制品加工业的发展，而随着诸
多国际乳制品企业进入巴基斯坦市场，预计乳制品加工将会实现快速发展。

4.7.3　巴基斯坦主要乳制品贸易形势

由于巴基斯坦大量奶类是以液态奶的形式被消费的，国内的乳制品消费需
求和产品产量都很低。因此，巴基斯坦的主要乳制品进出口贸易量都很低。

2015 年以来，巴基斯坦的主要乳制品进口贸易量维持在 5 万吨左右。
2020 年主要乳制品进口贸易量为 5.11 万吨，占世界主要乳制品进口贸易量的
0.6%。其中，脱脂奶粉进口贸易量 4.6 万吨，占世界脱脂奶粉进口贸易量的
1.8%；奶酪进口贸易量 0.4 万吨，仅占世界奶酪进口贸易量的 0.1%；其余
为极少量的黄油和全脂奶粉。

2020 年，巴基斯坦的主要乳制品出口贸易量仅有 0.04 万吨，产品仅为极

其微量的黄油、奶酪和脱脂奶粉。

4.8 阿根廷奶业发展状况

4.8.1 阿根廷奶业生产形势分析

阿根廷位于南美洲南部,面积仅次于巴西。国土南北狭长,地势西高东低。气候多样,四季分明,除南部属寒带外,大部分为温带和亚热带。东部和中部的潘帕斯草原是著名农牧区,号称"世界粮仓",集中了全国70%的人口、80%的农业和85%的工业,以及诸多重要铁路和城市,是阿根廷的心脏。阿根廷畜牧业非常发达,以养牛为主。奶业生产基本以养殖奶牛为主,牛奶产量几乎就是奶类产量。

阿根廷土地资源相对丰富,牧场和草原面积约占全国总面积的55%,且气候适宜,为奶牛养殖业奠定了良好的基础。阿根廷奶牛饲养以放牧为主,舍饲为辅,由于放牧及饲料加工相对粗放,奶牛单产水平较低。近年来,随着阿根廷的奶牛遗传育种工作和饲养管理水平的提高,奶牛单产逐渐增加[20]。2010—2020年,阿根廷奶牛的年单产水平从5.0吨提高至7.1吨,年均复合增长率为3.5%。

近年来,阿根廷的奶牛存栏量持续下降。阿根廷经济增长放缓和通胀压力导致了消费持续萎缩,奶业生产面临土地、人力和运输成本的大幅上涨,奶牛场效益较低,奶牛场数量和奶牛存栏规模持续缩减。2012年,阿根廷奶牛存栏量为219.3万头;2019年,奶牛存栏量下降至159.8万头;7年间,奶牛存栏量下降27.1%;2020年,奶牛存栏量出现小幅增长,达到161.0万头,同比增长0.75%。

尽管阿根廷近年来的奶牛存栏量出现大幅下降,但随着奶牛单产水平的不断提升,阿根廷的牛奶产量保持相对平稳。2015—2020年,阿根廷的牛奶产量基本上保持在1 100万吨左右。

4.8.2 阿根廷奶类消费趋势变化

从生产和消费结构来看,阿根廷的大部分牛奶产量都被用于乳制品加工,只有不到20%的牛奶产量是以液态奶的形式被直接消费。自2015年以来,乳制品加工使用牛奶占牛奶产量的比例持续增长,同时,液态奶消费量出现持续下降。2015年,阿根廷的牛奶产量为1 155万吨,其中82%用于加工乳制品,18%是以液态奶形式被消费;2020年,阿根廷的牛奶产量为1 144.5万吨,其中乳制品加工使用牛奶产量占比提高到84%,液态奶消费量所占比例下降,仅占16%(表4-28)。

表 4 - 28　2015—2020 年阿根廷奶类供需平衡表

项目名称	2015 年	2016 年	2017 年	2018 年	2019 年	2020 年
奶牛存栏量（万头）	178.6	172.0	167.2	164.0	159.8	161.0
奶类供应量（万吨）	1 155.2	1 019.1	1 009.0	1 084.0	1 064.1	1 144.6
牛奶产量（万吨）	1 155.2	1 019.1	1 009.0	1 083.7	1 064.0	1 144.5
乳制品进口量（万吨，原奶当量）	0.0	0.0	0.0	0.3	0.1	0.1
乳制品出口量（万吨，原奶当量）	0.2	0.1	0.2	0.0	0.0	0.0
奶类消费量（万吨）	1 155.2	1 019.0	1 008.8	1 084.0	1 064.1	1 144.6
液态奶消费量（万吨）	209.5	171.8	168.1	177.1	164.5	180.0
乳制品加工用量（万吨）	945.5	847.2	840.7	906.9	899.6	964.6
饲用消费量（万吨）	0.0	0.0	0.0	0.0	0.0	0.0
人口数量（万人）	4 307.5	4 350.8	4 393.7	4 436.1	4 478.1	4 519.6

数据来源：USDA。

2015 年以来，阿根廷的主要乳制品产量整体出现下滑趋势。2015 年，阿根廷乳制品产量为 90.5 万吨，其中奶酪产量 56.6 万吨，占主要乳制品产量的62.5％；全脂奶粉产量 25.2 万吨，占主要乳制品产量的 27.8％；脱脂奶粉和黄油产量合计占比不足 10％。2015—2018 年，阿根廷的乳制品产量持续下降。2018 年主要乳制品产量仅 71 万吨，比 2015 年下降 21.5％。2019 年以后，主要乳制品产量逐渐增加。到 2020 年，阿根廷的主要乳制品产量达到 79.2 万吨。其中，奶酪产量 48.8 万吨，同比下降 6.7％，占主要乳制品产量的 61.6％；全脂奶粉产量 21.3 万吨，同比增长 13.3％，占主要乳制品产量的比例达到 26.9％；脱脂奶粉和黄油产量较少，合计占比为 11.5％（表 4 - 29、图 4 - 15）。

表 4 - 29　2015—2020 年阿根廷主要乳制品产量

年度	奶酪 （万吨）	全脂奶粉 （万吨）	脱脂奶粉 （万吨）	黄油 （万吨）	合计 （万吨）	同比 （％）
2015	56.6	25.2	4.1	4.6	90.5	−0.4
2016	55.2	18.0	4.5	3.7	81.4	−10.1
2017	51.4	17.0	4.2	3.0	75.6	−7.1
2018	44.4	19.2	4.1	3.3	71.0	−6.1
2019	52.3	18.8	4.5	3.3	78.9	11.1
2020	48.8	21.3	5.2	3.9	79.2	0.4

数据来源：USDA。

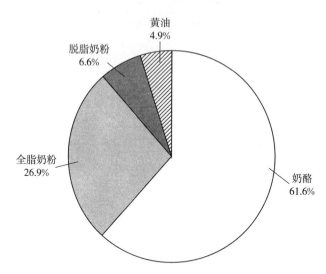

图 4-15　2020 年阿根廷主要乳制品产量结构

数据来源：USDA

　　阿根廷是世界人均奶类消费量相对较高的国家之一。据统计，2020 年阿根廷的人均奶类消费量为 202.2 千克，其中人均液态奶消费量为 143.8 千克，占人均奶类消费量的比例达到 71.1%，其余部分是以奶酪、黄油、全脂奶粉等乳制品的形式被消费的。在主要乳制品中，以奶酪的消费量最高，达到 40.8 千克，占人均奶类消费量的 20.2%；其次是全脂奶粉，占人均奶类消费量的 5.4%；阿根廷脱脂奶粉和黄油的消费量较低，分别占人均奶类消费量的 2.0% 和 1.3%（表 4-30）。

表 4-30　2015—2020 年阿根廷人均奶类消费量

年度	人均奶类消费量（千克）*						人均奶类消费量（千克，折合原奶当量）*						
	液态奶	黄油	奶酪	全脂奶粉	脱脂奶粉	其他	液态奶	黄油	奶酪	全脂奶粉	脱脂奶粉	其他	合计
2015	135.6	0.9	12.2	2.6	0.4	0.0	135.6	5.7	53.5	20.1	3.0	0.0	218.0
2016	118.6	0.7	11.5	1.6	0.4	0.0	118.6	4.7	50.8	12.2	3.3	0.0	189.6
2017	125.5	0.6	10.8	2.3	0.5	0.0	125.5	4.1	47.5	17.1	3.8	0.0	197.9
2018	143.3	0.5	8.7	1.3	0.4	0.0	143.3	3.3	38.4	9.9	3.1	0.0	198.0
2019	130.1	0.4	10.4	2.1	0.5	0.0	130.1	2.7	45.6	15.8	3.9	0.0	198.0
2020	143.8	0.4	9.3	1.4	0.5	0.0	143.8	2.6	40.8	10.9	4.0	0.0	202.2

　　注：* 按人均表观消费量计算。

　　数据来源：FAO，USDA。

4.8.3　阿根廷主要乳制品贸易形势

阿根廷的奶类产量仅 1 100 万吨左右，约占世界奶类产量的 1.3%～
1.5%，在世界主要奶类生产国家和地区中排名第 12 位（以 2020 年奶类产量
计）。阿根廷是世界重要的乳制品出口国之一，主要乳制品出口贸易量排名世
界第六（以 2020 年主要乳制品出口贸易量计）。近年来，阿根廷国内主要乳制
品产量总体出现下降趋势，但主要乳制品出口贸易量在短暂下降后实现总体增
长。2015 年，阿根廷主要乳制品出口贸易量为 21.4 万吨，占其主要乳制品产
量的 23.6%。2015—2017 年，主要乳制品出口贸易量出现下降。2017 年主要
乳制品出口贸易量仅 13.9 万吨，占其产量的 18.4%。2017 年以后，主要乳制
品的出口贸易量不断增加；2020 年，阿根廷的主要乳制品出口贸易量已增长
至 26.7 万吨，同比大幅增长 36.9%，占其主要乳制品产量的比例提升到
33.7%。2015—2020 年，阿根廷的主要乳制品出口贸易量年均复合增长率
为 4.5%。

从主要乳制品出口贸易的产品结构来看，全脂奶粉和奶酪是阿根廷的主要
出口产品，脱脂奶粉和黄油的出口贸易量较少。2015 年，阿根廷的主要乳
制品出口贸易量为 21.4 万吨。其中，全脂奶粉出口贸易量为 13.8 万吨，占
比 64.5%，奶酪出口贸易量为 4.3 万吨，占比 20.1%。阿根廷主要乳制品
的出口贸易量波动较大，到 2020 年主要乳制品出口贸易量增加到 26.7 万
吨。其中，全脂奶粉出口贸易量为 14.8 万吨，同比增长 52.6%，占主要乳制
品的出口贸易量的比例下降到 55.4%，奶酪出口贸易量增长到 7.0 万吨，同
比增长 14.8%，占主要乳制品的出口贸易量的比例提高至 26.2%（表 4 - 31、
图 4 - 16）。

表 4 - 31　2015—2020 年阿根廷乳制品出口贸易量

年度	全脂奶粉 （万吨）	奶酪 （万吨）	脱脂奶粉 （万吨）	黄油 （万吨）	合计 （万吨）	同比 （%）
2015	13.8	4.3	2.4	0.9	21.4	−9.7
2016	11.0	5.3	2.6	0.6	19.5	−8.9
2017	7.1	4.4	2.0	0.4	13.9	−28.7
2018	13.5	6.1	2.3	1.1	23.0	65.5
2019	9.7	6.1	2.2	1.5	19.5	−15.2
2020	14.8	7.0	2.8	2.1	26.7	36.9

数据来源：USDA。

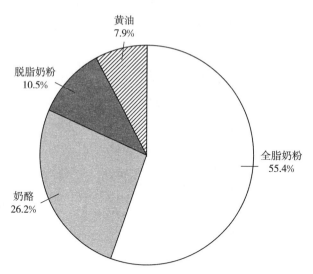

图 4-16　2020 年阿根廷主要乳制品出口贸易产品结构

数据来源：USDA

4.9　中国奶业发展状况

4.9.1　中国奶业发展历程

尽管现代化的奶业生产和乳品加工业在中国是一个新兴产业，但是中国的乳制品文化却是源远流长的。据《礼记·礼运》记载周、春秋、战国时代（公元前 841—前 221 年）祭品中除肉食外还有乳制品，"以烹以炙，以为醴酪""牧羊酤酪，以佚伏腊"[21]。到秦汉时期（公元前 221 年—前 190 年），乳制品食用进一步发展，乳酪已成为西北各民族的普遍食品。北魏贾思勰所著《齐民要术》（公元 533—544 年）详细记叙了乳制品加工技术，其中也提到了"酪"的制作工艺。唐朝（公元 618—907 年）时期的孙思邈巨著《备急千金要方》中亦有对酪的功效描述："味甘酸微寒，无毒。补肺脏，利大肠"。孟诜的《食疗本草》中也描述到："主热毒，止渴，除胃中热，患冷人勿食羊奶酪"。可见，我国中医理论中已经意识到了奶酪可以对肺脏和肠道带来健康益处。宋朝时期（公元 960—1279 年），已设有专门的乳制品生产管理机构，据宋史《职官志》记载："牛羊司乳酪院，供造酥酪"，负责奶畜的饲养管理和奶油、干酪的制造。明朝（1368—1644 年）时期，李时珍所著《本草纲目》中记叙了酪、酥、醍醐等乳制品的制作方法和食用疗效。可见，我国自古以来民间就存在一定数量的奶畜养殖业，并掌握了利用黄牛、牦牛、水牛、奶山羊等奶畜动物挤奶并加工成为食用乳制品的技术和习惯。

中国商业化的奶业发展是由国外带入专用品种奶牛才开始起步发展的，至今仅有百年历史。18世纪末期，英国、美国、俄国的商人、牧师先后来中国，引入欧洲奶牛，在上海、哈尔滨等地开办乳品厂，生产甜炼乳、奶粉和冰激凌等乳制品。1911年，英国商人在上海成立了上海可的牛奶公司①开始生产酸奶，所用菌种为国外进口；1928年上海路升牛奶公司开始生产酸牛奶，成为我国最早利用乳酸菌发酵生产酸乳制品的企业。阳早和寒春夫妇在解放战争时期来到中国，先后奔赴革命圣地延安，并长期致力于中国的奶牛养殖事业的发展，为解放战争期间的牛奶营养供给以及新中国成立后的奶业发展及社会主义现代化建设作出了突出贡献[22]。

改革开放以前，我国奶业基础薄弱，奶牛群体数量少、整体生产水平低，奶业发展比较缓慢。在党中央国务院积极调整农业政策、确立市场经济体制之后，不断鼓励和扶持奶业发展，积极对外引进高产奶牛、先进的奶业技术及设备等，极大地促进和带动了我国奶业的发展。经过新中国70余年的建设，中国奶业实现快速发展，奶类生产能力快速提升，奶类产量稳步增长，奶类消费需求迅速增长。1999—2009年中国奶业高速发展，奶类产量和牛奶产量在2001年突破1 000万吨，2004年实现2 000万吨，2008年均达到3 000万吨以上。2009—2018年，三聚氰胺重大食品安全事件重创中国奶业，国产乳制品信任度降至冰点，受进口乳制品冲击国内市场、生产成本不断提高等因素影响，中国奶业进入转型期，奶类产量增长速度逐渐放缓。2018年至今，乳业进入高质量的振兴发展期。2018年6月，国务院出台《关于推进奶业振兴保障乳品质量安全的意见》，吹响了奶业振兴发展的号角。随后，农业农村部等九部委联合出台了《关于进一步推进奶业振兴的若干意见》，细化了具体工作举措，发展改革委等七部委联合印发了《国产婴幼儿配方乳粉提升行动方案》，明确婴幼儿配方奶粉发展思路，全国大多数省份都出台了奶业振兴意见，全行业齐心协力，全力以赴提质量、保供给、促振兴。至2020年，我国奶类产量达到3 529.6万吨，其中牛奶产量3 440.1万吨，奶牛规模化比重达到67.2%，成年母牛年均单产达到8.3吨，中国的年人均奶类消费量达到37.4千克（原奶当量）（图4-17、图4-18）。

4.9.2　中国奶业生产形势分析

中国奶畜种类包括奶牛、水牛、奶山羊等，但主体是奶牛，奶山羊次之。近年来，牛奶产量占奶类产量的比例达到95%以上。

1978年改革开放以来，我国奶牛养殖业迅猛发展，1978—2008年，奶牛

---

① 光明乳业的前身。

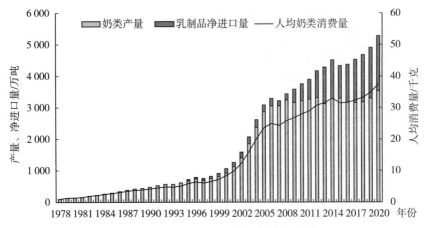

图 4-17　1978—2020 年中国奶业发展情况

数据来源：国家统计局、海关总署

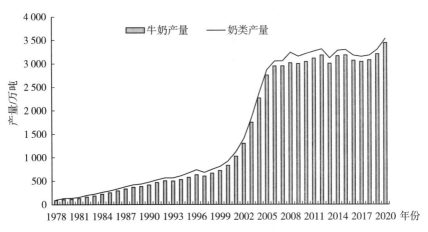

图 4-18　1978—2020 年中国奶类产量及牛奶产量

数据来源：国家统计局

存栏量从 47.5 万头增长至 1 230.5 万头，存栏量的大幅增加、叠加养殖技术水平的提升，牛奶产量在 2008 年达到 3 010.6 万吨。

2008 年的三聚氰胺事件令中国奶牛养殖业进入低迷期。生鲜乳价格持续下跌、奶牛养殖普遍亏损、"倒奶杀牛"现象频发，散户大量退出，奶牛存栏量步入下降通道；到 2015 年奶牛存栏量为 1 099.4 万头，与 2008 年的 1 230.5 万头相比下降 10.7%，但得益于奶牛单产水平的提高，牛奶产量仍实现了 5.5% 的增幅。

2016 年以来，受国家环保政策、规模化养殖推进、养殖端的低效益和亏损的影响，不少中小牧场关闭，奶牛存栏量增幅缓慢，至 2020 年，中国奶牛存栏量 1 043.0 万头，与 2016 年相比仅增长 0.6%；牛奶产量增长至 3 440.1 万吨，较 2016 年增长 12.3%（图 4 - 19）。

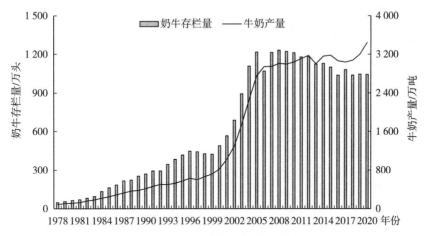

图 4 - 19　1978—2020 年中国奶牛存栏量和牛奶产量

数据来源：国家统计局

2007 年以来，在政府的产业政策引导、饲料成本高涨、人工价格上涨、养殖效益不佳、上下游利益联结不紧密等因素影响下，奶牛养殖呈现"企业进，个人退；规模进，散户退"的特征。

根据统计数据，2002—2020 年，我国 100 头以上规模化比重从 11.9% 增长到 67.2%；上升 55.3 个百分点。2020 年，中国奶类产量 3 529.6 万吨，其中牛奶产量 3 440.1 万吨，占奶类产量的 97.5%，奶牛平均单产水平达到 8.3 吨，羊奶等其他奶产量 90.0 万吨（图 4 - 20）。

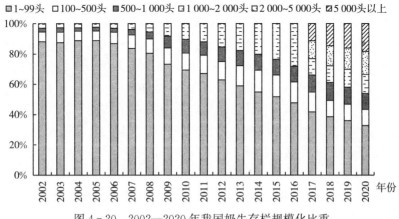

图 4 - 20　2002—2020 年我国奶牛存栏规模化比重

数据来源：中国畜牧业年鉴

中国奶业生产分布具有明显的区域不平衡性，奶牛养殖、原奶生产主要分布在北方，这与奶牛自身的生物特性及各地的自然资源禀赋和气候条件密切相关。2020 年，全国 10 个奶业主产省，奶类产量均达到 100 万吨以上，10 个省份的牛奶产量合计占全国总产量的 82.3%（图 4 - 21）。

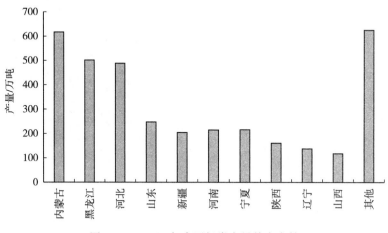

图 4 - 21　2020 年中国奶类产量前十省份

数据来源：国家统计局

4.9.3　中国乳制品加工发展状况

经过新中国 70 余年的发展，中国乳制品加工业逐步实现了工业化、机械化、自动化并迈向智能化，已成为中国食品制造业第一大行业，乳制品产量大幅上升，人均占有量逐步提高。2008 年三聚氰胺事件，降低了消费者对国产乳制品信任度，乳制品加工业增速放缓，国产乳制品的市场增量空间大部分被进口乳制品挤占。为消除三聚氰胺事件的影响，提升国人对国产乳制品的消费信心，振兴民族奶业，国家全面加强乳制品质量安全监管，行业深化自律，乳制品质量安全水平大幅提升。2020 年，我国乳制品和生鲜乳抽检合格率分别达到 99.87% 和 99.8%；乳蛋白、乳脂肪的抽检平均值分别为 3.27%、3.78%，达到发达国家水平；菌落总数、体细胞抽检平均值优于欧盟标准；三聚氰胺等重点监控违禁添加物抽检合格率连续 12 年保持 100%（图 4 - 22）。

中国乳制品加工业起步较晚，乳制品种类相对单一，以液态奶和奶粉为主要产品，其他产品（如奶酪、黄油、炼乳等）的产量相对较低。液态奶包括巴氏杀菌乳、超高温灭菌乳、调制乳、发酵乳、酸奶等，奶粉包括全脂奶粉、脱脂奶粉、调制奶粉。

中国的液态奶产量占乳制品产量的 90% 以上。由于牛奶易腐难储运的特

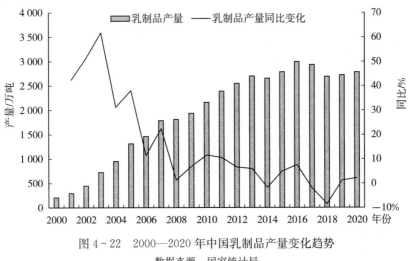

图 4 - 22 2000—2020 年中国乳制品产量变化趋势

数据来源：国家统计局

性，所以液态奶主产区基本都是奶类主产地。但因液态奶消费需求及市场容量差异导致的"北奶南运"现象，以及在进口乳制品的影响下出现的使用更具价格优势的进口大包装奶粉生产酸奶、复原乳、含乳饮料等货架期更长的产品，因而出现了江苏、安徽、四川等并非原奶主产区，但液态奶产量却位居全国前十的情况。2020 年，全国液态奶产量前十的省份，其产量合计 1 758.05 万吨，占全国液态奶产量的 67.6%。其中，9 个省份的液态奶产量达到 100 万吨以上（图 4 - 23）。

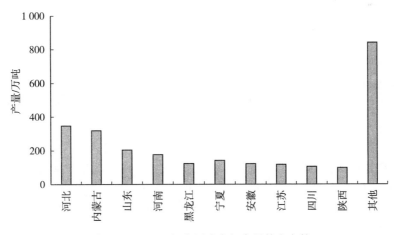

图 4 - 23 2020 年中国液态奶产量前十省份

数据来源：国家统计局

奶粉、奶酪等干乳制品的生产,也同样受到了大量进口乳制品作为原料进行再生产的影响,如:使用进口大包装奶粉加工/包装奶粉,以进口原酪为原料生产再制干酪,将进口乳清粉进行脱盐处理生产食品级乳清粉等。因此,有些省份的生鲜乳产量并不高,但奶粉、奶酪等乳制品的产量仍然较大,例如广东、四川、天津和湖北等。2020 年,全国干乳制品产量排名前十的省份,产量合计为 146.7 万吨,占全国干乳制品产量的 80.7%;其中,有 8 个省份的干乳制品产量超过 10 万吨,干乳制品产量合计为 130.5 万吨,占全国干乳制品产量的 71.8%(图 4-24)。

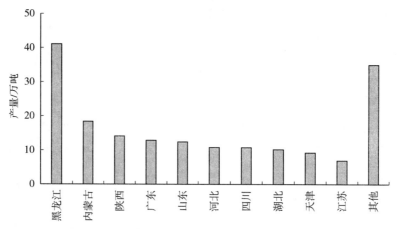

图 4-24 2020 年中国干乳制品产量排名前十的省份

数据来源:国家统计局

4.9.4 中国奶类消费趋势变化

中国的人均奶类消费量较低,仅相当于世界人均奶类消费量的 1/3。据统计,2020 年中国的人均奶类消费量为 37.4 千克;其中,大部分是以液态奶形式消费的,仅少量是以奶酪、黄油、全脂奶粉、脱脂奶粉等乳制品的形式消费的。中国人口数量众多、奶类消费需求总量很大,而中国奶类产量不能完全满足国内的奶类消费需求,因此需要大量进口乳制品。据统计,中国的人均奶类消费量中,国内供应仅占 2/3,其余部分都来自进口乳制品。其中,食品加工用奶粉的进口量最大,相当于 5.3 千克的人均奶类消费量(全脂奶粉占 65.7%,脱脂奶粉占 34.3%),奶酪、黄油等进口乳制品的消费量相对较少(表 4-32)。

表 4 - 32　2015—2020 年中国人均奶类消费量

| 年度 | 人均奶类消费量（千克） | 国内供应*（千克） | 其中：进口乳制品（千克，折合原奶当量）* | | | 奶粉 | | | | |
			液态奶	黄油	奶酪	奶粉合计	食品加工用奶粉	婴幼儿配方奶粉	其他	合计
2015	31.3	23.8	0.3	0.3	0.2	4.0	3.0	1.0	2.6	7.5
2016	31.4	22.8	0.5	0.4	0.3	4.5	3.3	1.2	3.0	8.6
2017	32.4	22.5	0.5	0.4	0.3	5.5	3.9	1.6	3.1	9.9
2018	33.4	22.6	0.5	0.4	0.3	6.1	4.3	1.8	3.3	10.8
2019	34.9	23.4	0.7	0.4	0.4	7.3	5.5	1.9	2.8	11.5
2020	37.4	25.0	0.8	0.4	0.4	7.1	5.3	1.8	3.7	12.4

注：＊按人均表观消费量计算。

数据来源：国家统计局、海关总署。

4.9.5　中国主要乳制品贸易形势

中国的乳制品贸易以进口为主，出口的产品和数量都很少。受环境及相关资源的限制，国内的奶牛养殖成本高、生鲜乳产量难以实现大幅提升，因此近年来随着国内奶类消费需求的增长，中国的乳制品进口贸易量持续快速增加，但国内奶类产量增长相对缓慢。同时，具有价格竞争优势的进口乳制品，也在一定程度上制约了国内奶业的快速发展。中国的乳制品出口贸易以供港为主。主要的出口产品一直是广东供应香港的鲜奶，以及少量的婴幼儿配方奶粉。近年来，鲜奶的供应量逐年下降，婴幼儿配方奶粉成为最主要的供港产品。

中国是世界最大的乳制品进口国。2008 年之前，中国的乳制品[1]消费以国内供应为主。1995—2008 年，中国乳制品进口贸易量从 7.2 万吨增长至 35.1 万吨，尽管年均复合增长率达到 12.9%，但由于基数较小，进口乳制品在国内乳制品供应量中所占比例较低。2008 年，三聚氰胺事件使国内奶业发展受到重创，奶类产量持续低迷。随着国内消费需求的不断增长，以及加入世贸组织大幅降低乳制品进口关税，中国的乳制品进口量大幅增长。2009—2020 年，中国的主要乳制品进口量从 59.7 万吨快速增长至 333.1 万吨，年均复合增长率高达 16.9%，进口乳制品（原奶当量）在国内乳制品供应量（原奶当量）中所占比例也增加到 33.3%（图 4 - 25、图 4 - 26）。

---

① 由于中国乳制品分类及数据源不同，中国乳制品包括液态奶等产品。

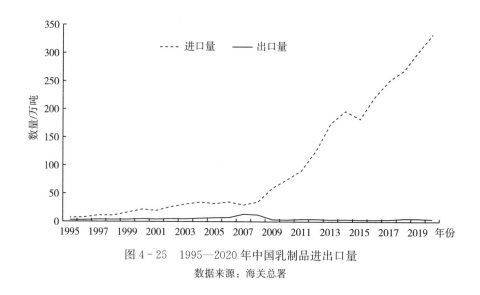

图 4 - 25　1995—2020 年中国乳制品进出口量

数据来源：海关总署

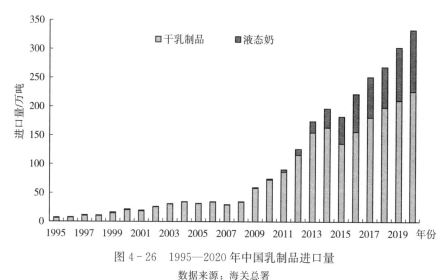

图 4 - 26　1995—2020 年中国乳制品进口量

数据来源：海关总署

（1）中国进口乳制品种类　中国进口乳制品种类主要包括液态奶（全脂牛奶/脱脂牛奶、酸奶）和干乳制品（黄油、奶酪、全脂/脱脂奶粉、乳清粉、婴幼儿配方奶粉、炼乳、蛋白类产品），其中以奶粉、乳清粉、液态奶等产品为主。2012 年之前，中国的干乳制品进口量占全部乳制品进口量的比例基本在90％以上；2013 年以来，中国液态奶的进口量持续增长，至 2020 年中国液态奶的进口量达到 107.2 万吨，干乳制品进口量所占比例下降至 67.3％。

1）奶粉。奶粉一直是我国主要的进口乳制品。2013 年以前，中国奶粉进口贸易量占乳制品进口贸易量的比例为 25%～57%；2014 年以后，由于液态奶等产品进口量的快速增长，奶粉进口量占乳制品进口量的比例逐渐下降，到 2020 年已下降至 40.1%。

中国的进口奶粉①中包括食品加工用奶粉和婴幼儿配方奶粉两类产品。食品加工用奶粉，通常作为乳制品（如配方奶粉、还原奶、酸奶、含乳饮料、冰激凌等）和含乳食品（如面包、蛋糕、饼干、牛奶、巧克力等）的重要原料。1995—2011 年，中国的奶粉进口量从 2.5 万吨快速增长至 45.0 万吨，年均复合增长率达到 19.9%；2012 年以来，食品加工用奶粉进口量增速放缓，2020 年食品加工用奶粉进口贸易量增长至 97.9 万吨，年均复合增长率下降至 6.9%。2012 年以来，中国婴幼儿配方奶粉进口量呈逐年增加趋势。这主要由于：①二胎政策的实施，使得国内对于婴幼儿配方奶粉的需求持续增加；②人均收入的不断提高，消费者对于高端产品的需求强劲增长，部分进口产品的高端市场定位恰恰迎合了这部分消费需求，在一定程度上对婴幼儿配方奶粉的进口贸易产生促进作用；③消费者对于国内产品信心的恢复仍需要时间。2012—2020 年，婴幼儿配方奶粉进口量从 9.2 万吨增长至 33.5 万吨，年均复合增长率达到 17.6%。受新冠疫情等因素影响，2020 年中国婴幼儿配方奶粉的进口量同比下降 3.0%，这是自 2014 年以来婴幼儿配方奶粉的进口贸易量首次出现下降，同时也显示出消费者对于国产婴幼儿配方奶粉质量的信任和消费信心的增强。

2）乳清粉。乳清粉也是我国主要的进口乳制品之一。乳清粉是利用制造干酪或干酪素的副产品乳清为原料干燥制成的。优质乳清粉主要用于婴幼儿配方奶粉，可调整蛋白质比例，使奶粉易于婴儿消化吸收；中等品质的乳清粉可用于生产蛋糕、面包等加工食品，作为添加辅料改善食品口感；较低品质的低蛋白乳清粉用作幼畜饲料添加剂。由于中国的奶酪产量很低，乳清粉产量极少，国内消费需求主要依靠进口。1995—2020 年，中国的乳清粉进口贸易量从 3.5 万吨增长至 62.6 万吨，年均复合增长率为 12.3%。

3）其他乳制品。其他乳制品包括炼乳、奶酪和黄油等，由于消费需求偏弱，进口贸易量相对较小，但进口量的增长速度很快。1995—2020 年，我国其他乳制品进口量从 0.4 万吨增长至 31.9 万吨，年均复合增长率达到 18.9%。

4）液态奶。进口液态奶包括包装牛奶和酸奶等产品。其中，超高温灭菌的包装牛奶占据较大份额。2015 年以来，随着销售渠道下沉，三四线城市中进口超高温灭菌乳的销售越来越普遍，并且产品趋于多样。2015—2020 年，

---

① 从 2012 年开始，海关总署将婴幼儿配方奶粉从奶粉中分离出来，税号单列，因此在 2012 年以前，中国的奶粉进口量包含婴幼儿配方奶粉。

中国的液态奶进口量从 47.0 万吨增长至 107.2 万吨，年均复合增长率为
17.9%（图 4 - 27）。

图 4 - 27　1995—2020 年中国各类乳制品进口量变化趋势

数据来源：海关总署

（2）中国进口乳制品来源　中国的进口乳制品主要来源于新西兰、欧盟、
美国和澳大利亚等国家和地区。其中，奶粉主要来自新西兰和欧盟，乳清粉主
要来自欧盟和美国，液态奶产品主要来自欧盟、新西兰和澳大利亚。

1）奶粉。

①食品加工用奶粉。新西兰作为世界上奶粉出口量最大的国家，在中新自
贸协定的政策红利下，一直是中国奶粉进口贸易的第一来源国。2015—2020
年，来自新西兰的食品加工用奶粉进口量从 44.8 万吨增长至 69.5 万吨，年均
复合增长率为 9.2%，占中国奶粉进口量的 70%～80%。欧盟是中国奶粉进口
贸易的第二大来源地，但与新西兰相比，进口量相对较低，仅占中国奶粉进口
量 10%左右。2015—2020 年，来自欧盟奶粉进口量从 4.8 万吨增长至 12.5 万
吨，年均复合增长率为 21.1%。澳大利亚是中国奶粉进口贸易第三大来源国，
占中国奶粉进口量的比例为 5%～8%。2015—2020 年，来自澳大利亚的奶粉
进口量从 2.7 万吨增长至7.7 万吨，年均复合增长率为 23.3%（图 4 - 28）。

②婴幼儿配方奶粉。欧盟、新西兰和澳大利亚，由于优质的奶源产地加上
严格的监管标准，造就了很多优秀的婴幼儿配方奶粉品牌，成为中国婴幼儿配
方奶粉进口贸易的主要来源地。荷兰一直是中国婴幼儿配方奶粉进口量最大的
国家。来自荷兰的婴幼儿配方奶粉占中国婴幼儿配方奶粉进口量的 35%左右。
2015—2020 年，来自荷兰的婴幼儿配方奶粉进口量从 5.8 万吨增长至 11.9 万吨，
年均复合增长率为 15.6%。新西兰是中国婴幼儿配方奶粉第二大进口来源国。

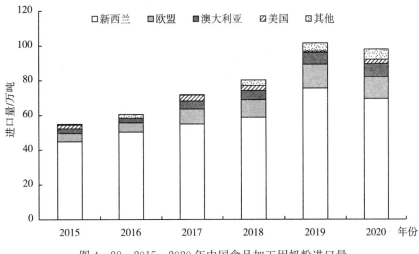

图 4 - 28　2015—2020 年中国食品加工用奶粉进口量

数据来源：海关总署

2015—2020 年，来自新西兰的婴幼儿配方奶粉进口量从 1.4 万吨增长至 7.2 万吨，年均复合增长率为 37.8%，占中国婴幼儿配方奶粉进口量的比例从 8% 增长至 21%。法国、爱尔兰和德国也是中国婴幼儿配方奶粉重要的进口来源国，但进口量相对较少。2020 年，这五个国家的婴幼儿配方奶粉合计进口量为 29.1 万吨，占中国婴幼儿配方奶粉进口量的 86.9%（图 4 - 29）。

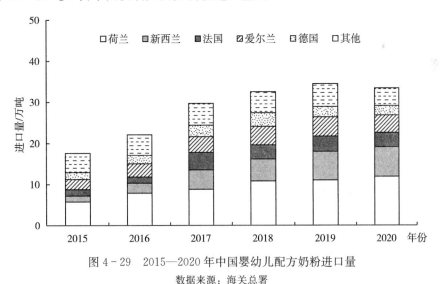

图 4 - 29　2015—2020 年中国婴幼儿配方奶粉进口量

数据来源：海关总署

2）乳清粉。2015—2020 年，中国乳清粉进口贸易量从 43.6 万吨增至

62.6万吨，年均复合增长率为7.5%。其中，美国、欧盟是中国乳清粉的主要进口国。2020年，来自美国和欧盟的乳清粉进口贸易量合计达51.4万吨，占中国乳清粉进口贸易量的比例达到82.1%。

2015—2020年，来自美国的乳清粉进口量从22.9万吨增至24.6万吨，年均复合增长率为1.4%；其中，饲料级乳清粉[①]约占80%。2018年以来，受中美贸易摩擦影响以及非洲猪瘟疫情影响，国内猪饲料产量下降，对饲料级乳清粉需求阶段性下降。2018年，来自美国的饲料级乳清粉为21.0万吨，同比下降10.0%；2019年，来自美国的饲料级乳清粉仅有13.0万吨，同比大幅下降38.2%；2020年，美国饲料级乳清粉的进口量有所恢复，达到19.7万吨，但仍低于2017年的进口贸易量23.3万吨。

欧盟是中国乳清粉第二大进口来源地。2015—2020年，来自欧盟的乳清粉进口量从16.4万吨增长至26.8万吨，年均复合增长率为10.3%，占中国乳清粉进口量的比例从38%增长至43%（图4-30）。

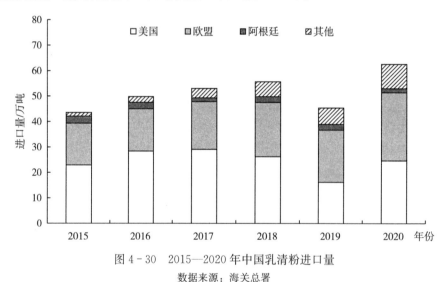

图4-30 2015—2020年中国乳清粉进口量
数据来源：海关总署

3）液态奶。近年来，中国的液态奶进口贸易量快速增长，主要是超高温灭菌乳（UHT）和酸奶。欧盟和新西兰是中国液态奶主要的进口来源国家和地区，两者的液态奶合计进口量占比为85%左右。

2020年，中国的液态奶进口量达到107.2万吨，比2015年增长128.1%，占世界液态奶进口贸易量的65.7%；2015—2020年，中国液态奶进口量的年均复合增长率为17.9%。2020年，来自欧盟的液态奶进口量为61.2万吨，比

① 乳清粉按用途可分为饲料级、食品级及其他，美国是饲料级乳清粉贸易量最大的国家。

2015 年增长 100.4％，占中国液态奶进口量的 59.7％；来自新西兰的液态奶进口量为 31.2 万吨，比 2015 年增长 306.8％，占中国液态奶进口量的 29.2％。澳大利亚是中国液态奶的第三大进口来源国，但进口量相对较小，仅占中国液态奶进口量的 10％左右。2015—2020 年，来自澳大利亚的液态奶进口量从 6.2 万吨增长至 10.3 万吨，年均复合增长率为 10.7％（图 4 - 31）。

图 4 - 31　2015—2020 年中国液态奶进口量
数据来源：海关总署

4.9.6　中国牧草进口贸易形势

2015 年，随着国内奶牛标准化规模养殖的快速推进，新建、扩建规模化奶牛场的投产运营，以及对于苜蓿等牧草对奶业发展重要性认识的进一步提高，国内以苜蓿为代表的牧草消费需求高速增长。虽然国内"振兴奶业苜蓿发展行动"稳步推进，但仍不能满足国内需求。因此，牧草进口贸易量逐年上升。2020 年，中国的牧草进口量增长至 169.4 万吨，比 2015 增长 24.4％；其中，苜蓿进口量为 135.8 万吨，占牧草进口量的 80.17％；2015—2020 年，中国牧草进口量的年均复合增长率为 4.5％。

中国进口的牧草以苜蓿和燕麦草为主。从进口来源国看，美国和澳大利亚是中国主要的牧草进口来源国，其中来自美国的牧草以苜蓿为主，来自澳大利亚的牧草全部是燕麦草。2020 年，来自美国的牧草进口量达到 118.5 万吨，比 2015 年增长 13.4％，占中国牧草进口量的 70％；来自澳大利亚的牧草进口量为 33.5 万吨，比 2015 年增长 121.1％，占中国牧草进口量的 19.8％。西班牙是中国的第三大牧草进口来源国，但牧草的进口量很不稳定。2020 年，来自西班牙的牧草进口量为 10.1 万吨，占中国牧草进口量的 6.0％（图 4 - 32）。

图 4-32　2010—2020 年中国牧草进口量

数据来源：海关总署

4.10　世界主要奶业国家和地区奶业发展特征

综上所述，2015—2020 年，世界主要国家和地区的奶业生产、乳制品加工和奶类消费等方面都出现了一些新的变化。

一是奶牛单产水平持续提升。2015 年—2020 年，印度和巴基斯坦的奶牛单产水平增长最快，增幅都在 20% 左右。2020 年，美国的奶牛单产水平为 10.8 吨，比 2015 年提高 6.3%；欧盟的奶牛单产水平为 7.0 吨，比 2015 年提高 9.4%。

二是奶类产量持续增长。2015—2020 年，除了澳大利亚和阿根廷之外（澳大利亚因为长期干旱等恶劣气候造成奶牛群体数量下降，虽单产提高但抵消作用有限，仍造成奶类产量连续下降；阿根廷因奶牛存栏下降导致奶类产量下降），其他国家的奶类产量都出现不同幅度的增长，其中印度和巴基斯坦的增幅最大，分别达到 25.3% 和 38.8%。

三是乳制品产量持续增长。2015—2020 年，除了澳大利亚、阿根廷和中国之外，其他国家和地区的乳制品产量都显著增长。其中，欧盟的乳制品产量增长 5.7%，美国的乳制品产量增长 13.5%，新西兰的乳制品产量增长 1.1%。

四是乳制品国际贸易量持续增长。2015—2020 年，除澳大利亚之外，欧盟、美国、新西兰三大产区的乳制品出口量都有所增长，其中美国和欧盟主要乳制品出口量的年均复合增长率分别为 3.3%、6.2%，新西兰主要乳制品出口量的年均复合增长率为 0.1%。在乳制品进口贸易中，近年来中国始终都是主要乳制品进口量最大的国家，也是进口量增速最快的国家，从 2015 年到 2020 年，中国主要乳制品进口量增长了 76.5%，年均复合增长率达到 12%。

五是奶类消费产品结构呈现出液态奶消费量下降，奶酪等乳制品的消费量显著上升的趋势。2015—2020 年，美国奶类产量中用于液态奶消费的部分下降了 149.8 万吨，同时乳制品加工用奶量增长 810.6 万吨；欧盟奶类产量中用于液态奶消费的部分下降 30.0 万吨，同时乳制品加工用奶量增长 763.8 万吨。2020 年，美国的人均奶酪消费量为 17.5 千克，比 2015 年增长 8.0%；欧盟的人均奶酪消费量为 18.4 千克，比 2015 年增长 2.8%。可见，近年来主要国家和地区的奶类产量增量部分主要用于乳制品加工，奶酪等乳制品人均消费量增长趋势显著。

第 5 章　世界奶类消费趋势变化

5.1　传统和习惯

　　人类选择奶类作为常规食品是在多重因素共同影响下的结果，包括人类历史的沿革、农牧业的起源和发展、气候和生存环境的变化、人体的营养和健康需要、饮食文化和社会伦理，以及自然选择下人体机能的进化演变等。在以奶为食方面，人类在哺乳动物中是非常特别的。一是人类在进食固体食物后依然会保持吃奶行为；二是人类将以奶为食的行为从婴幼儿时期一直保持到成年，甚至伴随终生。但是，以奶为食并非是所有人类共同的习惯和行为。在北欧、南欧大部分地区、西亚部分地区、南亚部分地区以及北美和南美地区的白人移民群体中，奶类被称为"近乎完美的食品"，能够为人类的生活和生产提供能量、蛋白质和大多数的营养素。但对于东亚、东南亚、大部分的非洲国家、大洋洲和美洲的原居民来说，除了婴幼儿时期的母乳，其他哺乳动物的奶类在成年后均不被作为常规食品，甚至在社会伦理的影响下，成年后仍然以奶为食是一种被厌恶的行为。

　　早期人类选择食品遵循最佳觅食理论（Optimal Foraging Theory），采食获得的效益等于采食获得的能量除以获取和准备食物的时间，所有动物都会选择费力最小和获得能量最高的摄食方式[①]。奶类成为人类的食物，第一是要有足够的奶畜数量和奶类产量，第二是这些奶类要容易获得，第三是能够简单地加工或制作成为人类便于日常食用以及耐储存的食品。以上三方面则是由不同区域农牧业的起源和发展决定的。

　　关于农业的起源，有诸多不同的说法，有研究结果认为，新月沃土

---

　　① 最优觅食理论（Optimal Foraging Theory）是由 MacArthur，Pianka 和 Emlen 提出，并于1966 年发表在 The American Naturalist 上。最优觅食理论描述了动物在觅食期间希望以最小成本获得最大收益，以最大化其适应性的情况，是最适理论（Optimal Theory）的一种具体应用。这个理论的基本假设是：动物应该在其单位时间内使得净能量收益最大。设置觅食收益率为 P，h 为食物的处理时间，E 为食物能够提供的能量，则 $P=E/h$；显然食物处理的时间 h 越长，觅食收益率 P 也就越低；食物提供的能量 E 越大，觅食收益率 P 也就越高。

(Fertile Crescent) 地带①、东亚地区②、中南美洲地区等地相继开始从渔猎采集转向定居农业，这些区域是早期农业的起源地和发展的中心区域，也形成了依靠发达农业支持的城邦文明，世界四大文明就是发祥于上述区域。新月沃土地带，在古代气候更为湿润、土地也更为肥沃，分布着野生小麦等可食用植物以及牛、山羊等可驯化动物，通过选择性的育种和培养，最初的农业和动物驯养活动即诞生于此，以小麦、大麦、牛为代表。中国北方地区的农业和动物驯养活动以稷和猪为代表，中国南方地区则是以水稻和猪为代表。由于持续不断的作物驯化和灌溉系统的发展，粮食和蔬菜作物的种植面积不断加大，多数土地用于种植粮食之后用于种植/生产牧草，喂养奶畜的土地就很少，同时仅需要保留少量耕牛用于维持耕种，而没有保留大量母牛用于繁殖。因此，上述的早期农业文明起源的地区基本没有形成大规模饲养奶畜和以奶为食的习惯。

相比于30万年的漫长人类发展史，数千年来以奶为食的历史是非常短暂的。据研究，第一批经常喝牛奶的人是西欧早期的农民和牧民，他们也是第一批与家养牲畜共同生活的人群之一。以奶为食习惯的形成是有生物学原因的，主要原因是人体内乳糖酶的续存性。据研究，早期拥有乳糖酶续存性的人通常是牧民，最早是在南欧地区出现的，距今约5000年，约3000年前传到了中欧。但也并非所有的牧民都具有这种性状，研究发现东亚地区的牧民（比如蒙古人）拥有乳糖酶续存性的比例最低。如今乳糖酶的续存性在部分地区人群中已经极为普遍，尤其是欧洲人和西亚人，北欧地区超过90%的人具有乳糖酶续存性，非洲和中东有少数人群也是如此。但在其他很多地区的人群中，乳糖酶续存性要罕见得多，例如多数非洲人没有这一性状，在亚洲和南美地区人群中也很少见。一项针对智利科金博大区一群牧民的研究显示，他们的祖先在500年前与来到这里的欧洲人通婚后，将乳糖酶续存性遗传给了后代，这种性状如今在该人群中已经非常普遍。

公元前3000年印欧人大迁徙开始，以农业文明为核心的四大文明古国中除了中国以外，均被来自高加索大草原的"牧牛人"——印欧人以先进的青铜冶炼技术、双轮马车和强悍的体格优势——征服并重塑了文明[23]。印欧人的

---

① 新月沃土地带是指西亚、北非地区两河流域及附近一连串肥沃的土地，包括黎凡特（Levant）、美索不达米亚，位于今以色列、巴勒斯坦、黎巴嫩、约旦部分地区、叙利亚，以及伊拉克和土耳其的东南部、埃及东北部。由于在地图上好像一弯新月，美国芝加哥大学考古学家詹姆士·布雷斯特德（James Henry Breasted）称之为"新月沃土"。这片土地西起地中海东岸，并包含叙利亚沙漠、阿拉伯半岛（Jazirah）及美索不达米亚平原，东至波斯湾，共有三条主要河流：约旦河、幼发拉底河和底格里斯河。

② 东亚地区有学者将其分为由北向南的以下四带：北华带，包括黄河流域以及东北的南部；南华带，包括西至秦岭，东至长江流域附近以南的大部分中国国境；南亚带，包括自缅甸、泰国以及中南半岛；南岛带，包括马来半岛及亚洲大陆南方的岛群。

分支也曾试图入侵中国，商王武丁的妻子妇好率领商朝军队历时三年打赢了"西北战争"，击溃了印欧人的入侵，华夏文明才得以传承至今。印欧人能够横扫三大文明的原因还有一个，就是大量的乳制品，给他们提供了便于携带和富于营养的食品。印欧人最终摧毁并重建的多个文明相对集中在欧洲，并延续了他们驯化饲养反刍动物的传统，进入到农牧结合的发展模式。为了持续增加牛羊的种群数量，印欧人畜养了大量的母牛，并持续着以奶为食的传统和习惯。大量的反刍母畜，大量的奶类产量和传统的加工方式，使得印欧人在欧洲的后代以奶为食，符合最佳觅食理论。性情温顺、经过长期驯化的牛羊成为生产奶类的主要动物，这是结合了自然条件和人类需求的综合性选择的结果。

可以看到，芬兰的液态奶和奶酪的人均消费量位居世界第一，法国和希腊软质奶酪的人均消费量位居世界前两位，欧盟、澳大利亚、美国、英国、波兰等国家和地区的液态奶和奶酪的人均消费量明显高于世界其他国家。然而，东亚、东南亚、非洲大部、美洲和大洋洲的原居民，或是因为灌溉农业的发展、气候条件、本土动物种类的限制，或是因为人口增长，土地被用来生产更多的谷物和蔬菜而缺乏饲草资源，或是在长期以农业生产为主选择了其他的动物（比如猪），或是综合了以上多种因素，而没有选择饲养大量的牛羊等奶畜动物，未养成以奶为食的习惯。虽然上述区域的人均奶类消费量已经有了很大的增长，但仍相对处于较低水平。

总之，人类将喝母乳的生物天性逐渐转化成为饮用其他动物奶的文化和消费习惯。考古资料显示，公元前9000—前8000年，在两河流域的草原和森林中，就有驯化的山羊和绵羊的遗迹。这比驯化牛这种体型更大、性情更凶猛的反刍动物还早1000年。最初驯化这些动物是为了肉食需求，而后逐渐发现奶的可食性，奶畜动物所生产奶的营养价值还高于产肉动物所产肉的营养价值，且能够常年生产。此后，动物奶类被视为完整和基本的营养，最初奶类的"功能设计"就是为幼畜/婴儿提供食物。犊牛的生命初期完全依赖牛奶维系生命和快速成长，奶类可以提供非常完整的营养需求，包括脂肪、蛋白、糖类、维生素A、B族维生素和钙元素。如此"近乎完美的食品"为何没有被世界上更多的族群选择成为常规食品呢？其中一个众所周知的重要原因是，如果体内乳糖酶含量不足，直接饮用液态奶时会发生胃肠道不适，严重的会发生乳糖不耐症。

根据文献记载，第二次世界大战后，美国国际发展计划署执行了一项援助贫困国家反饥饿的计划，他们选择了奶粉，输送到非洲和南美洲一些贫困国家。计划执行了一段时间后，从巴西等受援国家得到不良反馈，食用了美国奶粉的人很多发生了严重的胃肠道疾病。美国人一开始还在怀疑是不是由于直接食用奶粉，或是用不洁的水冲泡奶粉造成的肠道症状。这项计划也在美国本土执行，受援的贫困人群中同样发生了胃肠道不适的问题。直到 1965 年美国约翰斯·霍普金斯大学医学院的研究发现[24]，那些自诉因喝奶造成肠道不适的人群中，有相当一部分是因为不能消化奶中所含的乳糖，而所有哺乳动物的奶中都含有不同含量的乳糖。乳糖分子结构过于复杂，因而难以通过小肠壁进入血液，需要乳糖酶参与反应，才能将乳糖分解成单糖类或纯糖，尤其是葡萄糖。研究小组同时发现，美国的非洲裔黑人中有 75% 体内乳糖酶严重缺乏，而美国白人中只有 20% 缺乏乳糖酶。随后，医学工作者立即开展了一项调查，以期查明这种"异常的"乳糖酶不足的人口分布情况。结果，他们发现乳糖酶不足是成年人的正常现象，而成年人乳糖酶充足才是"异常的"。之后的调查结果显示，中国人、韩国人、日本人成年人体内乳糖酶含量充足的比例不足 5%；而泰国人、南太平洋诸岛和澳大利亚的原居民的乳糖酶充足的比例接近于零；非洲西部和中部的乳糖吸收者同样难以找到，而这正是被贩卖到美国和巴西种植园的黑人的主要来源地。这就解释了为什么在巴西和美国接受奶粉援助的人们遭受乳糖不耐症折磨的原因。

同时进行的对于乳糖酶充足者的人口分布调查发现，乳糖酶充足者主要分布在阿尔卑斯山以北地区，95% 的荷兰人、瑞典人、丹麦人和其他斯堪的纳维亚半岛的居民，体内乳糖酶含量充足，足以消化他们一生从奶里得到的大量乳糖。在阿尔卑斯山以南地区，乳糖酶含量高到中等的人群占比较高；而在南欧、伊比利亚半岛和中东地区，乳糖酶含量中等到少量的比例较高。印度北部和中部，乳糖酶含量充足者的比例高，这与印欧人的分支雅利安人入侵印度并定居在印度北部有关。印度的原居民实际上大部分都存在乳糖酶缺乏，而无法大量消费乳制品。

所有的哺乳动物都会在出生后依靠母乳获得营养和能量以发育成长，除了人类以外的哺乳动物都会在一定时间的哺乳期后停止哺乳，一则是母畜已经不能分泌更多的乳汁喂养体重和体型快速变大的幼畜；再则，母畜因为繁殖的需要，也会在适当的时间结束哺乳，为新的繁殖行为做准备。绝大部分的幼畜和婴儿体内的乳糖酶含量都足以消化吸收乳糖，因而也不会发生婴幼儿期的乳糖不耐症。在大部分已知的哺乳动物乳汁中，人乳的乳糖含量是最高的。现代医学研究也表明，乳糖酶的活性在足月新生儿中是高的，但从出生后数月开始乳糖酶的活性逐渐下降，但在部分人群如北欧，尤其是瑞典和丹麦（>90%），乳糖酶活性持久表达而不下降[25]。人类是唯一的在离开母乳后还会继续食用其他动物乳汁，这就需要持续保持体内充足的乳糖酶帮助消化动物奶类中的乳糖。如果在断奶后不再食用奶类食品，则体内的乳糖酶水平就会下降，因为人体不会为无用的机能而耗费能量。

结合前文所述，基本可以推导出这样一个结论：人类如果在断奶后体内依然保持较高的乳糖酶含量，是因为在断奶后依然会有食用乳制品的需要，而且乳制品的摄入量在食物总摄入量中占比较高。依照"最佳觅食理论"，这类人群以奶为食是因为奶类对他们来说是一种营养价值高，而且容易获得的食物。这又与这类人群的祖先在自然、社会和人类需求的综合选择中确定了大量饲养奶畜动物和以奶为食的习惯有关。在这类人群中，自然选择会更加偏爱那些一生保持高乳糖酶含量的个体，使得他们的高乳糖酶含量的遗传频率更高。相反，历史上没有选择以奶为食的族群，其体内的乳糖酶含量随着年龄的增长显著下降。因此，以奶为食者与乳糖酶含量充足的人群地理分布高度重合，传统上不以奶为食者与乳糖酶含量缺乏的人群的地理分布也是高度重合的。

乳糖是哺乳动物乳汁中特有的糖类，它是乳腺上皮细胞以葡萄糖为前体，在一系列酶的作用下合成的。乳糖是由一分子葡萄糖和一分子半乳糖组成的双糖，其合成步骤为：以葡萄糖为前体物质，一部分葡萄糖先转化为半乳糖，然后经乳糖合成酶催化，半乳糖与葡萄糖结合，形成乳糖。哺乳动物乳汁中乳糖含量因种类而异，牛奶的平均乳糖含量为 4.8％。人体摄入乳糖后，在消化过程中，经乳糖酶催化，分解为葡萄糖和半乳糖其他糖类。乳糖是热能的重要来源，1 克乳糖可产能约 16.75 千焦，牛奶中 25％的总热能来自乳糖。除供给人体能源外，乳糖还具有其他糖类不具备的生理功能，如促进肠道蠕动，促进钙的吸收，促进智力发育，作为糖尿病患者的碳水化合物来源等。这里引出了另一个问题，那就是乳糖不但为人类提供了能量，还有助于人体吸收大量集中存在于奶中的钙元素。根据日内瓦大学骨科疾病研究中心的科学家研究发现，乳糖耐受力强的个人消化吸收奶中钙元素的能力比乳糖耐受力差的个体有79％的量的优势。这个实验说明，体内乳糖酶充足的人通过食用奶类不但可以从乳糖的消化吸收过程中获得能量补充，更可以在乳糖酶解过程中产生的酸性环境下提升奶类富含的钙元素的吸收。乳糖酶含量低和乳糖不耐的人群希望通过大量食用奶类来增加钙元素的补充是一种浪费和无效的行为。除非在奶类中人为加入类似乳糖酶的物质帮助乳糖酶缺乏的人群消化吸收乳糖，或是生产低乳糖含量的奶类。

钙元素并非奶中独有的有助于人体骨骼发育和强化的矿物质，在深绿色蔬菜和动物骨骼中也有存在。只是奶中所含钙元素更加集中，辅以乳糖消化吸收过程中对钙元素吸收的促进作用而使得喝奶成为吸收钙元素的高效行为。从深绿色蔬菜中补充钙元素，则需要大量的食用并通过维生素 D$_3$ 的辅助来提高钙元素吸收效率。这是两种最常见的人类补充钙元素的方式。此外，咀嚼鱼骨或是咬食兽骨上韧带也多少可以补充钙元素，但是效率相对较低。这里不再赘述由于缺钙造成的儿童佝偻病和老年骨质疏松给人类健康和生活带来的问题，只要明确一个事实：人类需要稳定和充足的钙元素来源，可有效地通过饮食不断和长期地吸收钙元素。在这个方面，食用乳制品无疑是最全面和高效的方法，如果按照每天食用 250 毫升原奶当量的乳制品，可以获得平均 8.5 克的蛋白质、9.3 克乳脂和 12 克乳糖、263 毫克钙，分别占目前中国人均日消费动物蛋白的 17％和人均热量需求中来自动物产品部分的 8％。如果按照北欧国家大约每日 1 000 毫升的奶类消费量（原奶当量）计算，上述指标将分别达到 68％和32％。

在自然选择下，奶中含有的乳糖，首先是促进钙元素的吸收，其次才是供应热量。但是以奶为食的前提是体内有足量的乳糖酶含量，从世界范围看，也只有部分地区和人群具备这种能力。对于乳糖酶缺乏或是乳糖不耐的人群，通过采食深绿色蔬菜和其他含钙食品可以得到钙元素来源，但需要通过阳光或紫外光照射，以促进皮肤浅层含有的 7 - 脱羟胆固醇转化成维生素 D_3 来帮助吸收钙元素。

长期不当的日晒或照射紫外光可能造成皮肤的病变，原因是阳光中的紫外光会对皮肤细胞中的 DNA 造成损害并刺激机体产生活性氧自由基加剧紫外光对细胞 DNA 的损害。此时人体会在紫外线照射下产生麦拉宁色素，激活酪氨酸酶活性，继而产生黑色素保护皮肤免受伤害。因此，人类的皮肤颜色由高纬度到低纬度呈现由浅变深的分布。

结合上述的结论，居住在低纬度区域的人群，通过食用深绿色蔬菜等多种含钙食物获得钙源，通过日晒转化维生素 D_3 促进钙元素吸收。居住在高纬度区域的人群，由于体内乳糖酶含量高，通过食用乳制品获得钙源，并主要依靠消化分解奶中乳糖帮助吸收钙元素。由于居住地纬度高，气候寒冷且日照时间短，造成仅有脸部很小面积的皮肤外露接受日晒，因此皮肤颜色进化越来越浅，没有更多的黑色素沉积，使得日光更容易激发皮肤浅层的 7 - 脱羟胆固醇转化成维生素 D_3，但长时间日晒会造成浅色皮肤更容易受损伤并高发皮肤癌。反过来强化了这些人群体内乳糖酶的长期大量存在，以帮助钙元素的吸收，而乳糖酶含量低的个体将在遗传上处于劣势。

综上所述，以奶为食和成年后不再以奶为食构成了现今人类的两大群体，其中以奶为食的群体数量远远小于后者。气候的变化、农牧业的起源和发展、文明的冲突、自然选择和人体机能的进化，造就了两大群体的形成和发展。试想如果不是公元 4000 年前气候变化造成北半球的苦寒天气，号称"牧牛人"的印欧人可能就不会开始持续千年的大迁徙，也就不会发生游牧文明和农业文明的大碰撞。如果不是华夏文明同样拥有轮式马车和青铜冶炼技术，妇好的军队就无法抵抗野蛮的印欧人的入侵，华夏文明也将会与其他三大文明一样被毁灭。印欧人摧毁又重建的著名文明包括安纳托利亚文明、古希腊文明、古罗马文明、吠陀文明、古日耳曼文明和凯尔特文明。这又恰恰与当今乳制品消费量最大的国家高度重合，北欧的斯堪的纳维亚国家人均奶类年消费量普遍超过或接近 300 千克，南欧的意大利和希腊的人均奶类年消费量超过 250 千克，即使是大部分没有印欧血统的印度，人均奶类消费量也超过了世界平均水平。美洲和大洋洲的欧洲移民们也保持着相当高的乳制品消费量。反观现在没有选择以奶为食的大部分国家和地区，并非是因为奶畜养殖业和乳品加工业不发达，或是经济收入低造成乳品消费量低，真正的原因是经过数千年的环境变化、历史变迁、农业演化和人种的进化，造成一部分国家保持着以奶为食的习惯，和与消费需求相适应的发达的奶牛养殖和乳品加工产业，而其他大部分的国家和地区则选择了通过其他的方式摄入数量相当的营养物质。

通过对奶类消费传统和习惯的分析研究，有助于我们客观地理解世界奶类消费格局形成的背景。

5.2 奶类消费的区域特征

5.2.1 不同国家的奶类消费区域特征

世界奶类生产大国基本上都是奶类消费大国，只有中国是例外，中国的奶类产量占世界奶类产量的比例不足 5%，产量位居世界第五位，乳制品进口量（折合原奶当量）也是位居世界前列，但由于庞大的人口数量拉低了人均奶类消费量。2020 年，中国的奶类总供给量达到 5 275.8 万吨（折合原奶当量），人均奶类消费量达到 37.4 千克，相当于世界平均水平的 1/3。如果按照人均奶类占有量计算，2020 年，新西兰、澳大利亚、欧盟和美国都位居世界前列，均超过 300 千克，其中新西兰的人均奶类占有量达到 4.68 吨。新西兰、澳大利亚、欧盟和美国也是乳制品出口量最大的国家和地区，干乳制品出口量分别占其产量的 97%、52%、15% 和 15%。

世界各国和地区的人均奶类消费量的区域分布与人体内乳糖酶含量的区域分布高度重合，北欧、北美、大洋洲、南欧、东欧和南亚，是奶类消费量最高的区域；东亚、东南亚、非洲、南太平洋国家和中南美洲是奶类消费量相对较少的区域。根据粮农组织的统计数据，2018 年世界人均奶类消费量（不包括黄油，下同）最大的国家和地区主要是：黑山、爱尔兰、芬兰、阿尔巴尼亚，人均年消费量均超过 300 千克。世界人均奶类消费量排名前 50 的国家中，有 37 个欧洲国家，2 个北美国家，2 个大洋洲国家，4 个中南美洲国家（哥斯达黎加、乌拉圭、阿根廷和巴西），5 个亚洲国家（哈萨克斯坦、塔吉克斯坦、乌兹别克斯坦、巴基斯坦、蒙古国）（图 5-1）。

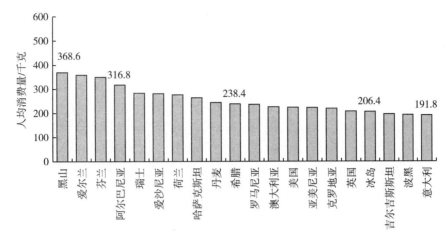

图 5-1　2018 年人均奶类消费量排名前 20 国家和地区

数据来源：FAO

人均奶类年消费量低于 10 千克的国家，全世界共有 29 个，主要来自非洲、亚洲和南太平洋诸国等地区。在有记录的 174 个国家中，菲律宾的人均奶类年消费量低于 1 千克，韩国的人均奶类年消费量也仅有 10.8 千克（图 5-2）。

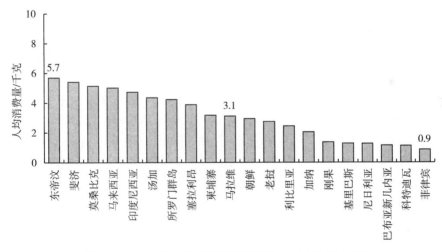

图 5-2　2018 年人均奶类消费量低的 20 个国家和地区

数据来源：FAO

5.2.2　不同区域的奶类消费特征

根据联合国粮农组织的统计资料，从 2018 年五大洲的人均奶类消费情况看，欧洲（178.9千克）、美洲（148.4千克）和大洋洲（198.5千克）的人均奶类消费量均远高于世界平均水平（80.0千克）；亚洲（60.5千克）和非洲（29.1千克）则大幅度低于世界平均水平（图5-3）。

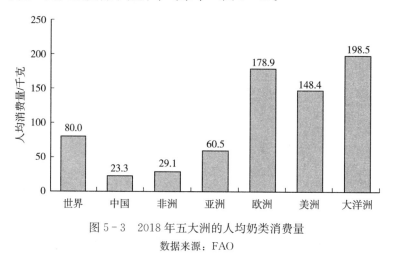

图5-3　2018年五大洲的人均奶类消费量

数据来源：FAO

　　大洋洲是人均奶类消费量最高的洲，但区域内各国家的人均奶类消费量差异很大，其中澳大利亚和新西兰的人均奶类消费量居于世界前列；其他南太平洋国家的人均奶类消费量则几乎全部居于世界的最低水平。这可能与澳大利亚和新西兰以欧洲移民后裔为主的人口结构以及具备发展农牧业的天然优势等因素有着密切的关系。

　　非洲的人均奶类消费量远远低于其他四大洲。在联合国粮农组织2018年统计数据中，仅有13个非洲国家能够进入人均奶类消费量排名的前100位。其中，排名最高的是博茨瓦纳，其人均奶类消费量为120.6千克，而科特迪瓦的人均奶类消费量仅有1.1千克，位居世界倒数第二位。

　　美洲的人均奶类消费量达到148.4千克，但美洲各区域之间的人均奶类消费量也存在较大的差距。其中，北美洲的人均奶类消费量达到220.2千克，南美洲为121.2千克，中美洲和加勒比地区的人均奶类消费量大多低于世界平均水平。美洲范围内，人均奶类消费量最高的是美国，达到223.7千克，最低的是海地，仅为6.7千克。

　　2018年，亚洲的人均奶类消费量为60.5千克，低于世界平均水平24.4%。如果将亚洲范围再细分为东亚、东南亚、中亚、南亚和西亚五大区域，也会出现较大的区域差异并出现三个层次。其中，中亚的人均奶类消费量最高，达到184.5千克，远高于世界平均水平；南亚和西亚分别为100.6千克和99.3千克，亦高于世界平均水平；东亚和东南亚的人均奶类消费量分别只

有 24.8 千克和 7.1 千克, 不但远低于世界平均水平, 甚至还低于非洲的平均
水平, 或是处于世界最低水平。在亚洲国家中, 人均奶类消费量最高的是哈萨
克斯坦, 人均奶类消费量达到 263.9 千克, 位居世界第八位; 其次是吉尔吉斯
斯坦 (196.2 千克)、乌兹别克斯坦 (182.4 千克)、巴基斯坦 (175.3 千克)
和蒙古国 (173.2 千克); 排名最低的国家是菲律宾, 人均奶类消费量仅有
0.86 千克 (图 5-4)。

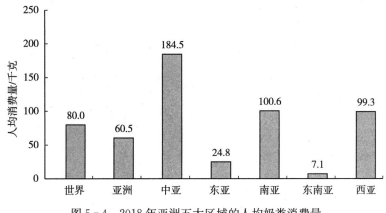

图 5-4　2018 年亚洲五大区域的人均奶类消费量

数据来源: FAO

2018 年, 欧洲的人均奶类消费量达到 178.9 千克, 高于世界平均水平
123.6%。欧洲范围内主要区域间的人均奶类消费量相对均衡, 其中北欧和西欧
最高, 分别达到 219.5 千克和 192.6 千克; 南欧居中, 达到 182.7 千克; 东欧最
低, 为 153.3 千克, 但仍高于世界平均水平近 1 倍。欧洲人均奶类消费量最高的
国家是黑山 (368.6 千克), 最低的是白俄罗斯 (78.5 千克) (图 5-5)。

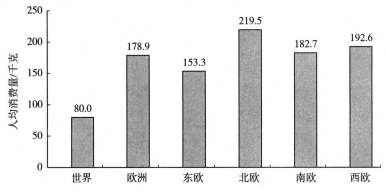

图 5-5　2018 年欧洲四大区域的人均奶类消费量

数据来源: FAO

5.2.3 奶类营养物质摄入量的区域特征

在肉蛋奶消费结构方面，欧洲和大洋洲的人均奶类消费量占人均肉蛋奶总消费量的比例明显高于其他大洲。人均奶类消费量占人均肉蛋奶总消费量的比例均超过 55%，从数量上说奶类是最重要的动物产品。非洲的人均肉蛋奶总消费量处于世界最低水平，亚洲虽高于非洲，但距离世界平均水平仍有 22% 的差距，其中最大的差距就是人均奶类消费量，比世界平均水平低 24.4%，其次是肉类，比世界平均水平低 22.4%，但人均蛋类消费量比世界平均水平高 4.1%（图 5-6、图 5-7）。

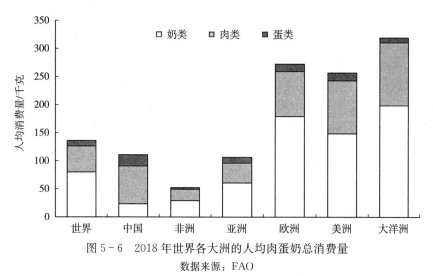

图 5-6　2018 年世界各大洲的人均肉蛋奶总消费量

数据来源：FAO

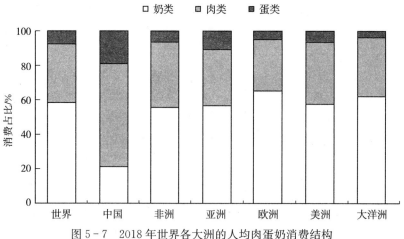

图 5-7　2018 年世界各大洲的人均肉蛋奶消费结构

数据来源：FAO

通过奶类消费摄入的热量、蛋白质和脂肪等主要营养物质，世界各大洲和亚洲各区域之间也存在较大差异。根据联合国粮农组织数据，全世界通过畜产品消费人均获得热量为 487 千卡/天，大洋洲、欧洲和美洲明显高于世界平均水平和其他大洲，非洲最低。在亚洲各区域中，东亚和中亚高于世界平均水平，南亚、东南亚和西亚低于世界平均水平。全世界通过奶类消费人均获得热量 175 千卡/天，从各大洲来看，最高的是大洋洲，通过奶类消费人均获得热量达到 398 千卡/天，其后依次是欧洲、美洲、亚洲和非洲；在亚洲各区域中，以中亚最高，人均获得热量 328 千卡/天，其后依次是西亚、南亚、东亚和东南亚。通过奶类消费人均获得热量最低的地区是东亚和东南亚，分别为 61 千卡/天和 36 千卡/天（图 5-8）。

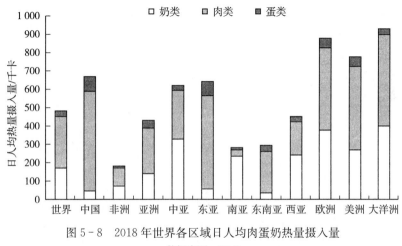

图 5-8　2018 年世界各区域日人均肉蛋奶热量摄入量

数据来源：FAO

从畜产品消费获得热量的来源结构上看，通过奶类消费获得热量占比最高的是南亚，达到 82%，其后依次是西亚 54%、中亚 53%，欧洲和大洋洲均为 43%，非洲 41%，均高于世界平均水平 36%；美洲、东亚和东南亚则低于世界平均水平（图 5-9）。

通过奶类消费获得的蛋白质数量，欧洲位居世界第一；其中，通过奶类消费人均获得蛋白质 20.1 克/天，其后依次是大洋洲 17.8 克/天，中亚 17.3 克/天，美洲 14.4 克/天、西亚 12.6 克/天和南亚 10.2 克/天，均高于世界平均水平的 8.6 克/天。最低是东南亚（2.1 克/天），东亚（3.1 克/天）和非洲（3.7 克/天）（图 5-10）。

从蛋白质获取的绝对量看，欧洲、大洋洲、美洲等区域，虽然通过奶类消费摄取的蛋白质的数量很高，但同时人均肉类消费量和人均蛋类消费量也很高，因此其奶类消费贡献的动物蛋白摄入量占比与世界平均水平相当。南亚地

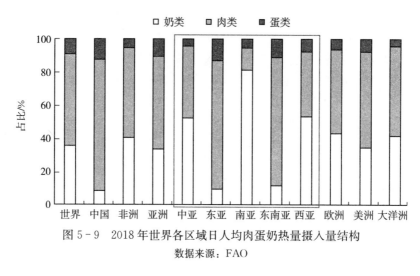

图 5-9　2018 年世界各区域日人均肉蛋奶热量摄入量结构

数据来源：FAO

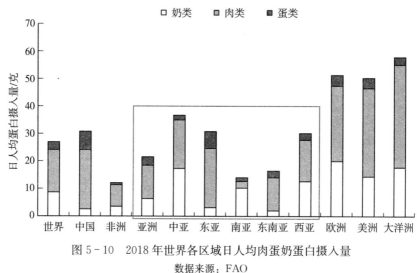

图 5-10　2018 年世界各区域日人均肉蛋奶蛋白摄入量

数据来源：FAO

区的奶类消费贡献的动物蛋白摄入量居于中游，但由于人均肉类消费量和人均蛋类消费量都很低，使得通过奶类消费获得蛋白质成为当地居民最主要的动物蛋白摄入途径，占比高达 72%；中亚和西亚居其后，占比分别达到 47% 和42%。人均奶类消费量最低的东南亚和东亚地区，则是通过更多肉类消费，尤其是蛋类消费作为其获得动物蛋白（不包括水产品）的主要途径，奶类消费贡献的动物蛋白（不包括水产品）摄入量占比仅为 10%～13%（图 5-11）。

　　通过奶类消费获得的动物脂肪的摄入量，在区域分布和来源结构上，与热量和蛋白质的获得情况基本一致。欧洲、美洲、大洋洲在日动物脂肪获得量的

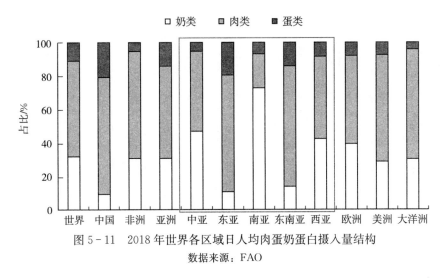

图 5-11　2018 年世界各区域日人均肉蛋奶蛋白摄入量结构

数据来源：FAO

绝对值上处于最高水平；南亚在摄入结构上显著高于世界其他地区，奶类消费贡献的脂肪摄入量占日动物脂肪的摄入量的比例高达 82%。东亚和东南亚的动物脂肪摄入量和结构占比均处于世界最低水平（图 5-12、图 5-13）。

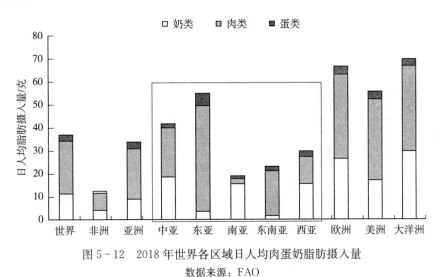

图 5-12　2018 年世界各区域日人均肉蛋奶脂肪摄入量

数据来源：FAO

通过奶类消费在获得热量、蛋白质和脂肪的同时，还摄入了大量的维生素、常量元素和微量元素等营养物质等，其中钙元素是最主要的。按照每 100 毫升奶中平均含有 105 毫克钙元素和人体每天平均应摄入 1 000 毫克钙元素计算，欧洲、大洋洲和中亚通过奶类消费获得的钙元素可以满足超过一半的人体所需钙元素摄入量，非洲和亚洲地区的人群则需要通过食用其他富含钙元素的

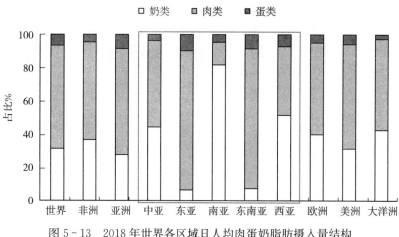

图 5-13　2018 年世界各区域日人均肉蛋奶脂肪摄入量结构

数据来源：FAO

动植物食品获得钙元素的补充。东亚和东南亚几乎完全不能通过奶类消费获得足量的钙元素需求，基本上完全依靠通过其他方式获得钙元素。南亚虽然有相对较高的人均奶类消费量，但从钙元素摄入的角度来看，南亚居民每日仍然需要从其他渠道获得 70%的钙元素才能达到标准（表 5-1）。

表 5-1　钙元素摄入来源

国家/地区	人均奶类消费量 （克/天）	人均钙摄入量 （毫克/天）	人均还需补充钙量 （毫克/天）
世界	219	230	770
非洲	79	83	917
亚洲	166	174	826
中亚	505	531	469
东亚	67	70	930
东南亚	19	20	980
南亚	275	289	711
西亚	272	286	714
欧洲	490	515	485
美洲	408	429	571
大洋洲	545	572	428

　　奶类可以为人类提供生存所需的热量、蛋白质、维生素、常量元素和微量元素等重要的营养物质，可以说是一个完美的食品。当今世界奶类生产和消费

的区域特征是由数千年的历史、文化、经济、气候的变迁，以及地理位置和人类的不断遗传选择和进化形成的。对于历史上没有奶类消费传统的人群，奶类消费习惯的培养需要相当长的时间，而且同样会受到以上各种因素的共同影响。随着经济的发展，体内乳糖酶含量低的人群在奶类消费方面已经基本没有经济压力，乳糖酶含量低造成这类消费者不可能忍受乳糖不耐症的痛苦去大量的增加奶类消费量。当然，可以通过生产更多酸奶、奶酪等低乳糖含量的乳制品，解决乳糖酶含量低人群增加奶类消费的问题。但是，从营养平衡的角度看，不同的历史、文化、环境背景下长期形成的饮食文化和习惯，改变的过程必定是长期的和渐进的。这不仅仅是个体生理机能和饮食习惯的改变，更是饮食文化和传统，甚至是关系到社会价值规范的整体改变的问题。

5.3　奶类消费的影响因素

　　消费者家庭的经济状况、文化习俗和饮食习惯决定了奶类消费偏好。收入水平以及奶类产品的可获得性和成本是决定奶类消费差异的关键因素。例如，高昂的运输成本和消费偏好限制了发酵乳饮料和酸奶的国际市场。在许多中等收入国家，特别是在中南美洲地区，液态奶的人均消费量正在迅速增长。墨西哥的人均奶类消费量已超过日本，但中南美洲的人均奶类消费量仍不到美国和西欧国家的一半。对于低收入和一些中等收入国家的许多消费者来说，包括奶粉在内的乳制品仍然是奢侈品。

　　由于包括民族和文化因素在内的各种原因，即使在一个国家或地区内，奶类消费模式也可能存在较大差异，在欧洲尤其如此。例如，芬兰液态奶和奶酪在人均奶类消费量中所占的比例明显更高；法国和希腊的软质奶酪在人均奶类消费量中所占比例高于欧盟其他国家。近 30 年来，美国奶酪的人均消费量稳步增长，但仍低于欧盟（表 5-2）。

表 5-2　不同乳制品的消费特征

类别	产品	市场范围	消费方式/主要用途	质量属性
液态奶	巴氏杀菌乳 超高温灭菌乳	本地或国内市场 区域市场	直接消费	新鲜产品 较长货架期
新鲜乳制品	发酵乳 酸奶	本国或区域市场	直接消费	新鲜产品
冰激凌	手工/大宗产品	本国或区域市场	直接消费	口味和口感
奶粉	全脂奶粉 脱脂奶粉	世界市场 （主要交易产品）	直接消费 食品或饲料添加成分	还原奶 较长货架期

（续）

类别	产品	市场范围	消费方式/主要用途	质量属性
黄油	奶油 黄油	本国或区域市场（小宗交易产品） 世界市场（主要交易产品）	直接消费或 食品添加成分	新鲜产品 较长货架期
脱脂产品	浓缩乳蛋白 乳清蛋白 乳糖 酪蛋白	世界市场	食品添加剂 制药原料	功能性产品
奶酪	新鲜奶酪 加工奶酪 自然熟成奶酪	国内或区域市场 （主要在高收入 国家间进行贸易）	直接消费	新鲜产品 较长货架期 口味，口感和果香

数据来源：USDA。

　　随着收入的增加和城市人口数量的增长，世界乳制品零售的增长速度有很大不同。越来越多的国家采用大众媒体促销和建立新形式的零售渠道，推动了人均奶类消费量的不断增长。新兴市场国家和一些发展中国家，乳制品市场的零售增长率平均每年超过10％，同时也拉动了乳制品国际贸易量的增长。在人均奶类消费量和人口数量增长已经趋于平稳的高收入国家，对奶类消费需求仍以每年2％的速度增长，这主要是由于高附加值产品的消费需求的增加，属于消费需求及消费产品结构的升级，并非是由人均奶类消费量的增长需求所驱动的。

　　高收入国家的人均奶类消费量保持小幅增长的同时，奶类消费的产品结构也在发生变化。例如，包括美国在内的几个高收入国家，奶酪的人均消费量已经多年保持增加，而液态奶的人均消费量则逐年下降。在日本和西欧等高收入国家，酸奶的人均消费量也相对较高，且增长势头不减。

　　奶业生产对环境和社会的影响一直是消费者关注的问题。当今的消费者持续关注奶业生产对环境和更广泛的社会的影响，特别是碳排放和塑料包装对环境影响，以及奶牛养殖和牛奶生产过程中的动物福利问题。根据麦肯锡公司的调查，大约55％的美国消费者表示可能会考虑从以环境可持续性为使命的公司购买更多乳制品；33％的消费者表示他们会更多购买那些负责任的公司生产的乳制品，其中70％的人愿意为这些产品支付溢价。为迎合消费者对环境保护的关注，也是基于自身产品开发和创新的驱动，很多乳品公司开发了非乳成分的替代产品，比如使用大豆、杏仁、椰子等为原料制成的各种豆奶、杏仁奶、椰奶等产品。调查表明，虽然出于环保和动物福利等因素考虑，或是更加关注健康而购买此类非乳成分替代品的消费者越来越多，但还不能真正替代传统的乳制品，最终的结果是非乳成分新产品与传统乳制品形成共存。以美国为例，在过去 20 年中，尽管产品结构在发生变化，但传统乳制品的人均消费量仍保持着稳定的增长。

5.4　奶类消费的产品结构变化

美国、欧盟、新西兰、澳大利亚是世界主要乳制品出口国家和地区；现以美国为例，分析奶类消费产品结构发生的新变化。

根据美国农业部的统计数据，美国乳制品分为液态奶、奶酪、黄油、干乳制品、冷冻乳制品、酸奶（冷冻酸奶除外）和浓缩奶七大类。2000—2020 年，美国的人均奶类消费量（折合原奶当量）增长了 11%，到 2020 年达到 297 千克。其中，液态奶的人均消费量为 64 千克，已下降 28%；奶酪的人均消费量大幅增长 25.2%。在奶酪产品中，非美式奶酪的人均消费量增长幅度更是达到 34%，年均复合增长率为 1.5%，这显示出美国消费者对非美式奶酪口味的认可和产品多样化的发展趋势。黄油的人均消费量从 2 千克增长到 2.9 千克，大幅增长 41%，但在人均奶类消费量高的国家和地区中仍处于较低水平。同样的，脱脂奶粉和全脂奶粉的人均消费量也有较大幅度的增长，但由于原有基数较低，因此实际的人均消费量相对较低，奶粉本身也并非美国的主流消费产品。在冷冻乳制品大类中，传统冰激凌的人均消费量在 20 年中大幅下降了21%，到 2020 年仅有 5.8 千克。此外，冷冻酸奶和果汁冰糕等产品的人均消费量下降幅度更大，但由于消费量基数很低，因此绝对量的变化幅度不大。2020 年，酸奶（冷冻酸奶除外）的人均消费量达到 6.2 千克，大幅增长112%。在浓缩奶产品中，全脂产品人均消费量持续下降，脱脂产品的人均消费量增幅达到 19%，体现出消费者对于饮食健康的关注度在逐渐提高。

从美国人均奶类消费量和产品结构的变化情况看，有明显的三降和三升的现象，即液态奶、冰激凌和全脂产品的消费量大幅下降，奶酪、酸奶和脱脂产品的消费量大幅上升。结合有关研究机构的分析结果，我们认为主要原因，一是消费者对健康的关注度在提高，造成消费者在购买乳制品时会优先选择可以提高蛋白质摄入量、降低脂肪和热量摄入量相关产品的消费习惯；二是随着大量移民的涌入，饮食文化趋于多样化，对于传统工厂化标准产品的需求减少，同时增加了多样化特色产品的消费量，这一点从奶酪消费产品结构变化可以得出结论；三是美国人口中非洲裔和来自中南美洲的移民比例逐渐增多，乳糖酶含量低的人群数量增加，是造成液态奶的人均消费量下降以及酸奶和奶酪人均消费量大幅增加的主要原因之一。在美国，从 1975 年到 2020 年，液态奶的人

表 5 - 3　1975—2020 年美国人均奶类消费量变化趋势

年度	液态奶（千克）	奶酪（千克）			黄油（千克）	干乳制品（千克）				冰激凌		冷冻乳制品（千克）			酸奶（冷冻酸奶除外）（千克）	浓缩奶（千克）		人均奶类消费量折合原奶当量（千克）
		美式	非美式	自制		全脂	脱脂	干黄油奶	干乳清或浓缩干乳清	常规	低脂或无脂	冷冻酸奶	果汁冰糕	其他冷冻乳制品		全脂	脱脂	
1975	112.04	3.70	2.78	2.08	2.14	0.05	1.48	0.09	1.00	8.26	2.95	NA	0.61	0.82	0.89	2.35	1.60	244.55
1980	106.14	4.36	3.59	2.00	2.03	0.14	1.37	0.09	1.22	7.76	2.75	NA	0.54	0.61	1.14	1.70	1.49	246.40
1985	102.97	5.53	4.70	1.83	2.21	0.18	1.04	0.09	1.59	8.05	2.69	NA	0.55	1.21	1.79	1.67	1.73	269.33
1990	99.79	5.05	6.11	1.51	1.95	0.27	1.31	0.09	1.70	6.98	2.99	1.28	0.55	0.98	1.77	1.43	2.16	257.63
1995	92.99	5.30	6.80	1.21	2.09	0.18	1.55	0.09	1.85	6.80	3.16	1.55	0.55	1.04	2.78	0.91	2.03	259.50
2000	88.90	5.75	7.64	1.18	2.03	0.12	1.21	0.09	1.70	7.30	3.01	0.91	0.50	0.77	2.95	0.91	1.73	267.60
2001	87.09	5.81	7.71	1.18	1.97	0.04	1.52	0.07	1.49	7.16	2.97	0.68	0.50	0.72	3.18	0.91	1.56	265.44
2002	86.64	5.82	7.89	1.18	1.99	0.09	1.40	0.07	1.52	7.35	2.63	0.67	0.54	0.73	3.64	1.06	1.70	266.57
2003	85.28	5.70	8.03	1.20	2.02	0.08	1.53	0.07	1.53	7.21	3.04	0.66	0.51	0.67	3.92	1.20	1.49	270.51
2004	83.91	5.83	8.21	1.20	2.04	0.06	1.95	0.07	1.37	6.63	2.95	0.60	0.51	0.72	4.19	1.04	1.47	269.34
2005	83.91	5.74	8.47	1.20	2.05	0.07	1.90	0.09	1.31	6.85	2.72	0.61	0.52	0.73	4.69	1.07	1.69	273.59
2006	83.91	5.93	8.66	1.18	2.12	0.05	1.46	0.10	1.28	6.95	2.78	0.60	0.54	0.76	5.02	1.03	1.91	277.46
2007	83.01	5.80	9.02	1.16	2.12	0.07	1.30	0.08	1.02	6.70	2.78	0.67	0.57	0.75	5.24	0.95	2.53	277.58
2008	82.10	5.96	8.63	1.06	2.26	0.04	1.39	0.09	1.32	6.46	2.77	0.70	0.52	0.69	5.32	1.06	2.31	275.01
2009	82.10	6.06	8.57	1.08	2.25	0.11	1.81	0.09	1.12	6.32	2.86	0.41	0.47	0.73	5.65	1.04	2.26	275.17

（续）

年度	液态奶（千克）	奶酪（千克）			黄油（千克）	干乳制品（千克）				冷冻乳制品（千克）					酸奶（冷冻酸奶除外）（千克）	浓缩奶（千克）		人均奶类消费量折合原奶当量（千克）
										冰激凌								
		美式	非美式	自制		全脂	脱脂	干黄油奶	干乳清或浓缩干乳清	常规	低脂或无脂	冷冻酸奶	果汁冰糕	其他冷冻乳制品		全脂	脱脂	
2010	80.29	6.03	8.81	1.05	2.23	0.09	1.47	0.10	0.86	6.33	2.94	0.44	0.43	0.72	6.10	0.89	2.36	273.72
2011	78.47	5.91	9.06	1.02	2.44	0.10	1.38	0.10	0.91	5.99	2.92	0.55	0.40	0.71	6.19	0.87	2.38	273.68
2012	76.66	6.01	9.09	1.02	2.50	0.08	1.65	0.10	0.98	5.97	3.17	0.50	0.38	0.75	6.37	0.91	2.42	278.54
2013	74.39	6.06	9.11	0.97	2.48	0.07	1.32	0.12	0.98	5.92	2.74	0.64	0.40	0.72	6.78	0.86	2.41	275.08
2014	71.67	6.20	9.30	0.95	2.50	0.09	1.43	0.10	1.01	5.66	2.81	0.57	0.41	0.74	6.74	0.64	2.46	278.93
2015	70.31	6.37	9.56	0.96	2.54	0.15	1.49	0.11	1.24	5.84	2.95	0.62	0.38	0.77	6.53	0.99	2.49	285.08
2016	69.40	6.51	10.01	0.98	2.59	0.12	1.36	0.10	1.07	5.87	2.90	0.56	0.37	0.71	6.24	0.93	2.45	292.29
2017	67.59	6.84	9.92	0.94	2.58	0.16	1.27	0.10	1.02	5.59	3.03	0.53	0.36	0.78	6.23	0.80	2.33	291.69
2018	65.77	6.99	10.25	0.96	2.74	0.16	1.08	0.09	1.11	5.43	3.00	0.46	0.32	0.81	6.17	0.87	2.22	292.26
2019	63.96	7.05	10.34	0.95	2.79	0.15	1.24	0.10	1.25	5.58	3.07	0.47	0.37	0.82	6.06	0.84	2.18	295.53
2020	63.96	7.08	10.25	0.92	2.86	0.13	1.18	0.10	0.93	5.78	3.11	0.30	0.32	0.76	6.24	0.96	2.06	296.90
2000—2020 期间增长（%）	-28.1	23.0	34.1	-21.8	41.1	12.3	-2.2	14.2	-45.3	-20.8	3.3	-67.2	-36.6	-0.8	111.7	5.0	18.7	10.9
年均递增（%）	-1.63	1.04	1.48	-1.22	1.73	0.58	-0.11	0.66	-2.97	-1.16	0.16	-5.41	-2.25	-0.04	3.82	0.25	0.86	0.52

数据来源：USDA。

均消费量从 112 千克下降到 64 千克，降幅达到 43%①；奶酪的人均消费量则是增加了近 10 千克；酸奶（冷冻酸奶除外）的人均消费量更是从 0.9 千克增长到 6.2 千克，增长了近 6 倍（表 5-3）。

从 2015—2020 年人均奶类消费量变化趋势来看，美国、欧盟和新西兰人均奶类消费量也都呈上升趋势；澳大利亚主要是由于受长期干旱等因素影响导致奶类产量出现下降，因此近年人均奶类消费量下降。

从 2015—2020 年奶类消费的产品结构来看，美国、欧盟和澳大利亚的奶类消费产品结构都呈现出液态奶消费量下降、奶酪消费量上升的显著趋势。新西兰是世界上人均奶类占有量最高的国家，由于人口数量较少，2020 年人均奶类占有量达到 4.6 吨，因此奶类产量波动和乳制品贸易量变化对奶类消费产品结构的影响更为明显。

5.5　中国的奶类消费

关于中国奶业起源、发展和乳制品消费的历史沿革，入馔和入药的文献记载和考证，在《中国奶业史 通史卷》中有详尽的描述[27]。需要注意的是，虽然我国的黄牛、山羊等奶畜的驯化史可以追溯到 7000 年前的新石器时代，《本草纲目》《齐民要术》等古籍都记载了奶类的物性、奶畜养殖和乳制品制作的方法，但中国历史上生活在中原一带的诸夏汉族在诸多因素影响下，并没有形成以奶为食的传统，并持续至今。从 20 世纪末到目前的诸多文献中，都明确得出一个结论，就是中国的汉族超过 50% 人口存在乳糖酶缺乏，其中 1/3 是严重的乳糖不耐症患者。根据杨月欣等发表的"中国儿童乳糖不耐受发生率的调查研究"，3～5 岁、7～8 岁和 11～13 岁组儿童中，乳糖酶缺乏的发生率分别为 38.15%、87.16% 和 87.18%。乳糖不耐受发生率分别为 12.12%、32.12% 和 29.10%。中国 4 大城市儿童乳糖酶降低或消失发生的年龄在 7～8 岁。当儿童食用 50g 奶粉（含 13～14g 乳糖）时，吸收不良和不耐受的发生率显著下降，但学龄儿童中仍有 39%～41.17% 为吸收不良、牛奶不耐受症状发生率 14%～16.17%。研究未发现，乳糖酶缺乏的发生和儿童的喂养史、乳制品摄入史有关。仰曙芬等发表的"人群乳糖不耐受的筛查及低乳糖牛奶对乳糖不耐受者的干预效果研究"，通过修正更适合中国居民体质和饮奶数量的乳糖负荷标准得出结论，中国 3～70 岁居民牛奶乳糖不耐受的平均检出率为 50.5%，其中乳糖不耐受症的检出率为 13.8%，乳糖吸收不良的检出率为 36.6%。

多数学者认为，乳糖不耐受是由于世世代代不同饮食习惯导致遗传基因突

---

① 普华永道，美国乳制品行业面临的困境：长期趋势及对中国的启示 [R]. 2020.10.

变的结果，因此在短时期内，通过增加乳糖的摄入量的方法诱导乳糖酶的活性是不可能的。邓燕勇在"杭州市区人群主观乳糖不耐受的流行病学调查及乳糖酶基因多态性研究"指出，乳糖在位于小肠黏膜刷状缘的乳糖酶的作用下水解为葡萄糖和半乳糖，从而被吸收利用。乳糖酶缺乏是产生乳糖不耐受的最主要原因，婴儿出生时乳糖酶水平最高，随着年龄的增长而逐渐降低。乳糖酶缺乏与种族、遗传、地理环境等因素有关，亚洲人群中乳糖酶缺乏占比为 90%～100%，而在北欧人群中乳糖酶缺乏占比仅为 10%～20%。乳糖酶缺乏可分为三类：先天性乳糖酶缺乏、继发性乳糖酶缺乏、原发性乳糖酶缺乏（又称成人型乳糖酶缺乏）。一般认为与世代形成的饮食习惯造成的乳糖酶基因选择性变异，导致不可逆性关闭有关，并无其他伴发疾病，在发生时间上存在种族与地区的差异。

对于中国居民乳糖酶缺乏或乳糖不耐症的应对措施：

（1）广泛开展科普推广，宣传正确、健康的乳制品消费方式。尤其是针对乳糖酶缺乏和乳糖不耐症人群，生产并推广适合这类人群的低乳糖含量或无乳糖的乳制品。

（2）逐步改变乳制品消费结构，减少乳糖含量高的液态奶消费量，培养食用发酵类的酸奶和奶酪的饮食习惯。研发、生产和推广适合中国消费者口味和营养需求，低乳糖或无乳糖，富含钙元素的酸奶和奶酪产品。保持乳制品富含优质蛋白、乳脂和钙元素的特征，在产品加工过程中分解或分离乳糖，使乳糖酶缺乏或乳糖不耐症消费者能正常食用乳制品。

（3）通过添加外源乳糖酶，生产低乳糖奶。将新鲜牛乳经巴氏灭菌后，冷却至 40～45℃加入乳糖酶并保温，使乳糖水解。研究发现乳糖水解率为 70%～80%时，既能解决乳糖不耐症问题，又能生产出风味良好的产品。

据统计，2020 年中国的奶类产量达 3 529.6 万吨，同比增长 7.0%；乳制品产量达 2 780.4 万吨[28]，同比增长 2.2%，近三年乳品产量稳步提升。规模以上乳制品制造企业实现营收 4 195.6 亿元，同比增长 6.2%；利润总额为 394.9 亿元，同比增长 6.1%。

根据海关总署公布的乳制品进出口数据，2020 年中国进口乳制品折合原奶当量为 1 757.4 万吨，2020 年中国出口乳制品折合原奶当量为 11.2 万吨，乳制品净进口折合原奶当量为 1 746.2 万吨，相当于当年中国奶类产量的 49.5%。2020 年，中国的奶类总供给量达到 5 275.8 万吨，国内供应量仅占 2/3，人均奶类消费量达到 37.4 千克，每人每日摄入奶类 102 克。根据动物食品营养成分表，我国居民通过奶类消费每日摄入 58 千卡热量、3.2 克蛋白质、3.4 克乳脂和 112 毫克钙元素。根据 FAO 公布的中国肉蛋奶等畜产品营养平衡表，中国的人均奶类消费量占人均肉蛋奶总消费量的 32%，通过奶类消费摄入的热量占动物食品提供热量的 8%，通过奶类消费摄入的蛋白质占动物蛋白质摄入量的

10%。根据人体每日需要摄入 1 000 毫克钙元素的标准建议量，中国居民通过
奶类消费摄入的钙元素总量仅能满足钙元素 10%的需求，还需要通过食用深
绿色蔬菜和水产品、肉类等其他食品才能获得足量的钙元素摄入需求，同时通
过晒太阳或补充外源维生素 D_3 促进钙元素的吸收（图 5-14、图 5-15）。

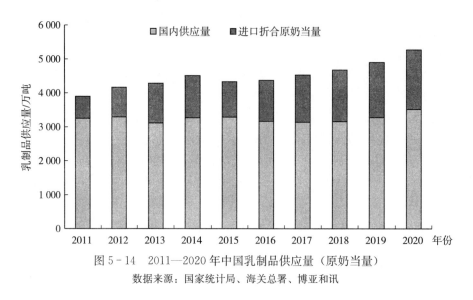

图 5-14 2011—2020 年中国乳制品供应量（原奶当量）

数据来源：国家统计局、海关总署、博亚和讯

图 5-15 2011—2020 年中国乳制品供应量结构（原奶当量）

数据来源：国家统计局、海关总署、博亚和讯

5.6 新冠疫情影响下奶类消费趋势

2020 年初，世界爆发新冠疫情，对奶业生产、贸易和奶类消费都产生了

一定程度的影响。联合国粮农组织 2020 年 7 月发布的报告，对新冠疫情暴发初期对乳制品生产和消费状况的影响进行了描述：从 2020 年 1—5 月，乳制品指数连续 4 个月下跌，累计下跌了 9.4 个点[29]（下跌幅度 9.1%），反映了新冠疫情对世界乳制品市场的负面影响。

控制新冠疫情的封锁和社交距离措施导致了乳制品消费的低迷，经济的不确定性和收入下降进一步导致家庭减少了乳制品的购买量。喷粉量增加、鲜奶销售量下降，使乳品企业的奶粉库存增加，导致奶粉出口价格下行。乳制品的国际贸易受制于运输瓶颈，特别是港口拥堵和港口货物处理延误，增加了进口的难度。同时，疫情高峰期北半球原奶生产国正值牛奶生产旺季。在多重因素影响下，2020 年 1—5 月乳制品价格全面下降，其中，脱脂奶粉价格下降最多（－21.9%），其次是黄油（－15.8%）和全脂奶粉（－14.9%）。由于奶酪的进口需求仍然相对强劲，奶酪价格仅小幅下降 0.8%。

2020 年 6 月开始，随着疫情的进一步发展和防疫措施的有效实施，尤其是疫苗的大量使用，社会生活逐步进入稳定期和正常化，乳制品的生产也逐步正常化。

新冠疫情影响下，消费端也出现了一些新的发展趋势。虽然新冠疫情对奶业上游供应链和下游储运加工影响较大，造成成本的增加，但消费者认为乳制品是健康食品而增加消费量，抵消了疫情对供给端的负面影响，世界主要奶业生产国家和地区的奶类产量得以保持增长。各个国家在控制疫情方面采取的措施不尽相同，但普遍采用的封城或限制外出措施，导致在外消费的大幅下降。与此同时，无论是增加食品储备以应对封城措施的不确定性，还是出于对保持健康的考虑，消费者增加了乳制品的采购量。根据麦肯锡 2021 年 5 月发布的调查报告，在美国，由于在家烹调和在家烘焙的消费量增多，美国消费者在调查期内的黄油和液态奶的采购量分别同比增长了 3% 和 2%。其中，液态奶的消费量 4 年来首次出现阶段性增长，这与消费者更加关注健康和长期在家办公密切相关。从统计数据上看，世界主要奶业生产国家和地区的酸奶和奶酪产量及消费量都实现同比增长。麦肯锡公司对超过 1 000 位受访者的调查结果总结出 5 个结论[30]：

（1）对乳制品的消费需求同比增长，且逐渐高位稳定。

（2）受益于消费者对环境保护的关注，非乳成分替代品继续受到欢迎，但不会完全替代传统乳制品。

（3）在新冠疫情期间，乳品公司对新乳制品和新品牌的研发加速进行，并会持续下去。

（4）在新冠疫情期间，消费者对乳制品生产环境和社会影响关注有所增加，并将继续影响特定消费者的购买决策。

（5）尽管消费者将继续通过网络渠道购买乳制品，但实体店内购买仍将是主要渠道。

可见，新冠疫情流行期间，消费者对于健康和保健的重视程度升高。对健康和保健有益处的食品的消费需求显著增长。酸奶、奶酪和液态奶等产品因其健康属性而被消费者更多选择购买并大量储备。虽然冰激凌是一种最佳的居家休闲食品，但出于健康和保健方面的考虑，消费者降低了冰激凌的采购量。

后新冠疫情时代，消费者将保持或增加乳制品购买的需求，这与乳制品企业对行业未来的乐观看法基本一致。2020 年国际乳制品协会对 40 多名美国乳制品企业高管的调查中，84％的受访者表示，他们预计未来三年乳品行业的年收入增长率为 3％或更高。

新冠疫情带来的另一个影响是，消费者购买乳制品的方式和渠道发生了变化。疫情期间，乳制品的电商销售量达到了前所未有的增长速度。2020 年 3—8 月，美国家庭在线购买黄油和牛奶的数量同比增长 200％以上。超过一半的消费者表示，节省时间和安全是网购的主要驱动力，其他的驱动影响因素还包括便于进行价格比对等。尽管如此，实体店仍然是最受欢迎的乳制品购买渠道。调查显示，58％的消费者主要通过实体店购买乳制品，仅 21％的消费者表示在疫情期间主要通过电商渠道购买乳制品，并且表示疫情后将减少电商渠道的乳制品购买量。

5.7　新冠疫情下部分国家和地区的奶业扶持政策

为应对新冠疫情，世界主要奶业国家和地区出台多项政策，以扶持奶业生产和稳定乳制品市场。FAO 在 2020 年 7 月发布的乳制品市场回顾中，对这些政策措施进行了汇总[31]。摘要如下：

欧盟　2020 年 4 月 30 日，欧盟委员会公布了一系列措施，以支持受新冠疫情暴发影响的农业和食品市场。这些措施包括对乳制品和肉类行业的私人仓储援助。

- 私人储备援持计划（PSA）。欧盟委员会开放了黄油和脱脂奶粉的私人储备援持计划，允许产品从市场暂时撤出至少 2 至 3 个月，最长 5 至 6 个月。该计划预计将减少市场上有关产品的供应量，并在长期内重新平衡市场供需关系。利益相关方有资格申请至 2020 年 6 月 30 日，并获得补贴，以帮助支付截至 2020 年 12 月 26 日的 60 天至 180 天的私人储备费用。欧盟委员会在该计划中规定奶酪的总限量为 10 万吨。截至 2020 年 6 月 30 日，该计划下已签订了 17 693 吨黄油和 3 779吨脱脂奶粉的合同，分别相当于 2020 年 1—6 月总估计产量的

2.2% 和 0.7%。

- 市场支持计划的灵活性。在欧洲农业农村发展基金下，委员会提供了更大的灵活性，包括使用金融工具，如向农民和其他农村发展受益者提供贷款和担保；重新分配其农村发展方案下仍然可用的资金（RDP），为应对危机的相关行动提供资金；推迟提交关于其区域发展方案执行情况的年度报告等。

- 此外，欧盟委员会为欧盟共同农业政策下的措施进行灵活处理和简化，其中包括将共同农业政策付款申请的截止日期从 2020 年 5 月 15 日延长至 6 月 15 日；直接支付的预付款从 50% 增加到 70%，农村发展支付从 75% 增加到 85%；以及减少现场实地检查和时间要求，以尽量减少农民与检查员之间的身体接触。

- 欧盟竞争规则的例外豁免。根据《共同市场组织条例》第 222 条，允许农民和农场组织集体采取措施稳定市场，包括批准集体计划牛奶生产，从市场撤出产品，并由私营经营者储存，最长期限为 6 个月。这些措施适用于牛奶、花卉和马铃薯行业。

- 欧盟学校计划。该项目的预算拨款用于向学生分发牛奶和乳制品，剩余部分用于分发水果和蔬菜。该方案允许根据饮食要求、季节性、多样性、可得性和环境因素灵活选择产品。一般来说，不允许添加糖、盐、脂肪和甜味剂或人工香料。该计划还支持教育措施，如科普活动、农场参观、品尝和烹饪讲习班、主题日和游戏。关键目标是将儿童与农业联系起来，并教会他们健康的饮食习惯。

新西兰　2020 年 3 月，新西兰宣布了 121 亿新西兰元（73.3 亿美元）的应对新冠疫情一揽子支援计划，其中包括 6 亿新西兰元（3.66 亿美元）的航空支援计划。政府拨款 3.3 亿新西兰元（2.013 亿美元）用于基本运输连接计划，该计划在短期至中期内为运输商提供支持，以确保在新冠疫情之后保持运力、区域连接和基本服务。机场和航空公司（区域和国际）、航空支持服务以及某些条件下的非旅行支持服务被确定为有资格获得该计划下的资助。国际航空运力（International Air Freight Capacity，IAFC）计划增加了与世界市场保持贸易联系的运输能力，以保障医疗用品等必需品进口和高价值出口货物出口。

美国　2020 年 5 月 19 日，美国政府宣布了应对新冠疫情食品援助计划（Corona Virus Food Assistant Program）的细节，预算为 160 亿美元，为受新冠疫情影响的农民和牧场主提供救济。此外，美国农业部实施了一项从农民到家庭食品盒计划（Farmers to Families Food Box program），通过与区域分销商/当地分销商合作采购 30 亿美元的新鲜农产品、乳制品和肉类送给有需要的美国人，并为受到餐馆、酒店等关闭影响的劳动力提供救济。作为从农民到家庭食品盒计划的一部分，美国政府拨款 3.17 亿美元用于购买乳制品，目的是为了降低乳制品库存和促进芝加哥市场期货复苏。

英国　2020 年 3 月 27 日，政府通过了《竞争法 1998》法令 2020，在新冠疫情期间，排除第一章禁止供应商、物流供应商和杂货零售商之间的反竞争协议，涵盖商品包括食品、宠物食品、饮料、清洁产品、化妆品、家庭用品和非处方药。这一政策使供应商和零售商能够调整包括限制客户购买数量、食品杂货供应范围、临时关闭或限制开放时间、对重要员工的援助等。

2020 年 4 月 17 日，政府进一步放宽政策，使农民和生产者能够在新冠疫情期间进一步合作，从而避免浪费，保持生产能力。这些合作包括共享劳动力和设施、协同暂时降低产量以及尽量将牛奶加工成奶酪和黄油等其他乳制品。

2020 年 5 月 6 日，英国颁布了针对因新冠疫情而面临困境的奶农的新资金支持计划。根据该计划，奶农每人可获得高达 1 万英镑的补贴，以弥补他们 4—5 月收入损失的 70%，使他们能够保持运营和持续生产能力，同时还可以保障动物福利。政府还投入 100 万英镑以促进牛奶消费，帮助生产商消化剩余库存。

加拿大　2020 年 3 月，针对新冠疫情的影响，加拿大授权加拿大农业信贷银行（FCC）向农业和食品企业提供高达 50 亿加元的额外贷款。这些资金可用于将现有贷款的本金和利息支付推迟 6 个月，或将本金支付推迟 12 个月，或提供高达 50 万加元的 24 个月信贷额度。这一信贷延期政策旨在为新冠疫情期间加拿大农民、食品加工者和农业综合企业面临的现金流问题提供保障。

2020 年 5 月，加拿大将加拿大乳制品委员会（CDC）的借款限额从 3 亿加元提高至 5 亿加元，自 2020 年 7 月 31 日起生效，以资助在新冠疫情期间从农民和乳品加工厂购买和储存剩余的黄油和奶酪。该措施减轻了因新冠疫情影响导致国内牛奶供需的不可预测变化。加拿大乳制品委员会将部分借款限额用于批量购买剩余黄油库存，剩余部分用于补贴农民收入。一般情况下，该委员会在春季牛奶产量超过需求时购买黄油，在秋季消费量上升时再卖给乳制品加工厂。

结合以上国家应对新冠疫情对奶业发展冲击的措施，主要有以下特点：

（1）政府、行业组织、企业和奶农全面介入，共同参与救助计划，协同稳定生产和市场。在直接补贴奶农和产业链以稳定奶业生产的同时，还在反季节、多渠道储存产品，调剂供需和促进消费方面出台多项措施。

（2）政策性资金支持和市场化措施并用。提供拨款或增加信贷额度，支持奶业维持常规产能，这是各国通行的措施。欧盟、加拿大等地区和国家同时采取市场调节措施，通过对奶酪黄油等产品的临时收储，达到稳定市场供需平衡和保持基本产能的目的。英国停止反不当竞争法有关条文的执行，将法律保护对象从消费者暂时转移到生产和经营者。

（3）对奶农、乳制品加工厂工人和市场销售环节参与者等重点人群，给以特殊保护措施。尤其是对奶农的直接和间接的支持措施是近年来少有的。其目的十分明确，就是千方百计维持基本的乳制品生产能力，平衡市场供需和调整各相关方的利益。

（4）建立系统和完善的危机处理预案。虽然都是紧急启动有关政策、法规、金融和市场措施支持奶业应对新冠疫情，但是这些措施基本都是早就制定好的，属于危机处理系统的一部分。按照欧盟应对危机的三要点，即有预案、有专人管理和触发启动后坚决执行。目前看，这些在 2020 年启动的支持措施基本达到了保护产能、调整各方利益及稳定市场供应和价格的目的。

第6章 世界奶业未来发展趋势

6.1 世界奶业生产发展趋势

6.1.1 奶类产量变化趋势

世界范围内的气候变化和自然灾害的日益频发，以及新冠疫情影响存在的不确定性等因素，都将影响世界奶类产量的变化，尤其是以放牧为主的奶业生产国家和地区。气候变化增加了干旱、洪水发生的概率，这些因素都可能以不同的方式影响世界奶业的发展（例如价格波动、牧草产量下降、奶牛存栏量变化等）。此外，动物疾病的发生和传播，也可能对世界奶类产量造成一定的影响。

预计未来 10 年，世界奶类产量将以每年 1.7% 的速度增长，到 2030 年达到 10.2 亿吨[32]，奶牛单产提高将是世界奶类产量增长的主要影响因素。此外，加强奶牛场生产管理、改善动物健康状况、提高饲料饲草转化效率以及提升遗传育种水平等都将不同程度地促进世界奶类产量的增加。

未来世界奶类产量的增量中，超过一半的增量将来自印度和巴基斯坦。预计到 2030 年，印度和巴基斯坦奶类产量合计将占据世界奶类产量 30% 以上，其奶类产量的增长主要来自奶牛养殖数量的增长以及奶牛单产的提高。此外，在人均收入水平和人口增长的推动下，未来印度和巴基斯坦的人均奶类消费量也会大幅提升，大部分奶类和乳制品产量将用于本国消费，仅有少量乳制品用于发展国际贸易。

欧盟是世界第二大的奶类主产区。未来欧盟的奶类产量增速将低于世界平均水平，主要原因是欧盟实施了可持续生产政策，以及欧盟奶类消费需求增速放缓[33]。未来 10 年，欧盟的奶牛存栏量将以每年 0.5% 的速度下降，但基于对奶酪、黄油、奶油等需求的增长以及乳制品消费需求的增加，欧盟的奶类产量将以每年 1.0% 的速度增长。未来 10 年，欧盟有机奶产量占奶类产量的比例会越来越高。目前，欧盟进行有机奶生产的奶牛或将达到 10% 以上，主要分布在奥地利、瑞典、拉脱维亚、希腊、丹麦等国家。

未来 10 年，美国和加拿大的牛群数量基本保持不变，将依然是奶牛单产水平最高的地区，并且奶牛单产水平还将进一步提高。新西兰奶业具有高效的草地管理系统和全年可放牧的天然优势，以出口为导向的生产模式将使新西兰牛奶产量保持增长趋势，但由于土地利用率和环境承载力的限制，其增长速度非常缓慢，奶类产量仍将远低于北美和欧盟。

非洲地区的奶畜数量将持续增长，奶类产量也将实现强劲增长，其中，山羊奶和绵羊奶产量仍将占据相当大比例。由于具有广袤的地域优势，预计未来非洲的奶畜数量将占到世界的 1/3 以上，但奶类产量将仅占到世界奶类产量的 5％左右。

6.1.2　乳制品产量变化趋势

由于世界范围内的奶类消费量中，大部分是以液态奶的形式消费的，预计只有不到 40％的奶类产量被进一步加工成黄油、奶酪、脱脂奶粉、全脂奶粉等乳制品。

大部分的黄油和奶酪，被直接当作食物食用。其中，奶酪在欧洲和北美地区占奶类消费量的很大比例，黄油（含酥油）是印度奶类消费的主要产品形式之一，未来黄油（含酥油）和奶酪将是乳制品加工和奶类消费增长的重点产品。

脱脂奶粉和全脂奶粉均主要用于食品加工，特别是用于加工糖果、婴儿配方奶粉和烘焙产品等，预计未来脱脂奶粉和全脂奶粉的消费量仍将持续增长。脱脂奶粉和全脂奶粉是主要乳制品出口国家和地区的主要产品，参与进出口贸易的比例很高，未来这些地区的奶类产量的增长可能大部分用于乳制品加工及国际贸易。

预计未来 10 年，发达国家和中国对黄油的消费需求可能快速增长，黄油产量的年均复合增长率或将达到 1.9％，与世界奶类产量的增长速度相当。其他乳制品产量增速相对缓慢，其中脱脂奶粉和奶酪的产量将以每年 1.2％的速度增长，全脂奶粉的消费需求增长放缓，预计年均增速将下降到 1.4％左右。

6.2　世界奶类消费发展趋势

未来 10 年，世界液态奶的人均消费量的速度增长略高于过去 10 年，达到 1.2％；尤其是印度和巴基斯坦等国家的人均奶类消费量还将持续增长。世界各国家和地区干乳制品的人均消费量受人均收入水平、区域偏好等因素影响，呈现出较大差异。

未来欧洲和北美地区的人均液态奶消费量将逐渐下降。奶类消费的产品结构将逐步由牛奶等液态奶形式向奶油、奶酪等固态乳制品形式转变。液态奶的消费量中，酸奶的比例或有所增加。在欧洲和北美地区，消费者对于乳脂类产品的健康益处有更积极的认识，对轻加工乳制品有更多的偏好，对家庭烘焙也有更浓厚的兴趣。另外，欧洲和北美地区的人均奶酪消费量是最高的，预计未来这些地区的人均奶酪消费量仍将继续增加。从美国的奶类消费产品结构变化来看，液态奶的人均消费量逐年下降的趋势非常显著，同时传统高热量的冰激凌产品和全脂乳制品等产品的人均消费量呈下降趋势。过去 20 年间人均消费量增长最快的产品是酸奶，其次是奶酪和脱脂乳制品，显示出消费者对健康关注度的持续提高。此外，美国的人口结构中非洲裔、亚裔和拉美裔人口数量占比不断增长，尤其是来自上述地区的新移民，传统上都不是体内乳糖酶含量充足的族群，这将影响人均奶类消费量和产品结构的变化。因此，开发低乳糖或有助于乳糖消化吸收的新型乳制品，以及传统的酸奶和奶酪产品，将有助于乳糖酶缺乏地区和国家的乳制品消费量的持续增长。

在东南亚地区，由于城市化快速发展和收入增加让外出就餐情况越来越多，奶酪的消费量也将增加。值得注意的是，新冠疫情不仅使这些地区的外卖食品数量大幅增长，而且消费者也更加关注健康和有益于健康的食品，这些行为的改变使东南亚国家的奶业发展受益颇多。

以豆奶、椰奶、杏仁奶为代表的植物类乳制品，可能会以更快的速度增长[34]。一方面是传统乳制品企业为了稳定并扩大其消费者群体，愿意创造更多的新产品和进入新的消费市场；另一方面，是迎合消费者对环境保护和动物福利关注度不断提高的需求。从目前主要市场的植物类乳制品产品的销售和消费者反馈情况来看，短期内植物类乳制品还难以对传统乳制品市场形成实质性冲击，更多的是与传统乳制品共存。

6.3　世界乳制品贸易发展趋势

世界范围内，大部分的乳制品都是在本地消费，仅有部分用于发展国际贸易。据统计，世界主要乳制品出口贸易量占世界主要乳制品产量的比例不足 20％。

乳制品国际贸易以干乳制品为主，其中，奶酪、全脂奶粉和脱脂奶粉的贸易量比较大；黄油的贸易量相对较少；液态奶的国际贸易主要是相邻国家之间进行的（如：加拿大和美国、欧盟国家之间），除此之外，仅中国的液态奶进口量比较大，中国进口的液态奶产品主要是超高温灭菌乳，主要来自欧盟和新西兰。

未来 10 年，新西兰、欧盟和美国仍是主要的乳制品出口国家和地区。到 2030 年，这三个国家和地区的奶酪、全脂奶粉、黄油、脱脂奶粉的出口量将分别占世界出口贸易量的 62％、70％、76％和 83％。传统出口大国澳大利亚可能失去往日辉煌，而南美地区的阿根廷正在成为全脂奶粉的重要出口国。近年来，由于俄罗斯对欧美等国家乳制品实施禁运，白俄罗斯已成为一个重要的乳制品出口国，其乳制品出口主要面向俄罗斯市场。

欧盟仍将是世界主要的奶酪出口地区，其次是美国和新西兰。预计到2030年，欧盟的奶酪出口量占世界奶酪出口贸易量的份额将达到46%。在《CETA协定》、欧盟和日本双边贸易协定下，欧盟将提升对加拿大和日本市场的出口份额。到2030年，英国、俄罗斯、日本、欧盟和沙特阿拉伯将成为世界前五名的奶酪进口国家和地区。

新西兰仍将是黄油和全脂奶粉的主要出口国。预计到2030年，新西兰黄油出口量占世界黄油出口贸易量的市场份额将达到40%，全脂奶粉出口量占世界全脂奶粉出口贸易量的市场份额将达到53%。中国是新西兰全脂奶粉的主要进口国，随着中国奶类产量的持续增长将会限制全脂奶粉进口的增长，预计未来两国之间的乳制品贸易量可能会出现下降趋势。同时，新西兰将实现奶酪等乳制品的多样化生产，并适当增加奶酪等乳制品的产量、拓展新的出口市场。

未来10年，中东、北非、东南亚、部分发达国家（日本、美国等）和中国将是主要的乳制品进口地区和国家。其中，中东和北非的乳制品进口主要来自欧盟，美国和大洋洲将是东南亚奶粉的主要供应地，部分发达国家将进口更多的奶酪和黄油产品（如：日本主要进口奶酪产品，美国主要进口黄油产品）。中国的人均奶类消费量虽然不高，仍将是最大的乳制品进口国，尤其是全脂奶粉。近年来，中国从欧盟进口的黄油和脱脂奶粉有所增加，但大洋洲仍是中国乳制品进口的最大来源地。与世界其他地区相比，亚洲特别是东南亚地区的人均奶类消费量较低，但随着经济发展和人口数量增长以及向高价值食品和畜产品消费方向的转变，亚洲地区对乳制品的进口需求或将持续增加。由于液态奶的贸易成本更高，预计这种额外的贸易需求增长将逐渐转向通过奶粉贸易来实现。

新冠疫情对乳制品国际贸易的影响将会逐渐消退，但它将对许多非经合组织国家的GDP产生持久影响。人均收入增长速度将低于疫情前的增长预期，收入水平波动增加会更加影响贫困家庭并降低他们的人均奶类消费量。尤其是在中亚和非洲等不发达地区的表现可能更加显著。由于黄油和奶酪等产品的消费需求与收入增长密切相关，预计这些地区的黄油和奶酪的进口需求将会减少。

6.4　中国奶业未来发展趋势及建议

6.4.1　中国奶业未来发展趋势

根据农业农村部公布的数据，2020年中国奶类产量3 529.6万吨，同比增长7.0%，其中牛奶产量3 440.1万吨，同比增长7.5%；乳制品产量2 780万吨，同比增长 2.2%。乳制品和生鲜乳抽检合格率分别达到 99.87% 和 99.80%，继续保持较高水准；乳蛋白、乳脂肪的抽检平均值分别为 3.27%、3.78%，达到发达国家水平；菌落总数、体细胞抽检平均值优于欧盟标准；三聚氰胺等重点监控违禁添加物抽检合格率连续 12 年保持 100%。全国存栏 100 头以上规模养殖占比达到 67.2%，同比提高 3.2 个百分点；奶牛单产 8.3 吨，同比增长 0.5 吨；规模牧场 100% 实现机械化挤奶，95% 配备全混合日粮（TMR）搅拌车。中国奶业在"十三五"期间取得亮眼成绩，并真正开始走出 2008 年三聚氰胺事件笼罩中国奶业发展的阴影。

未来 10 年，中国奶类产量的年均递增率保持在 2%～3%，到 2030 年奶类总产量将超过 4 500 万吨，乳制品进口量相比 2020 年略有下降，国内奶类总供给量将超过 6 300 万吨，人均奶类消费量接近 45 千克，奶源自给率达到 70%。这一目标的实现主要得益于奶牛单产水平的提高和奶牛存栏数量的增加。目前，中国的奶牛养殖场现代化主要体现在标准化、机械化、遗传改良和养殖场规模上，未来将向自动化、智能化以及奶牛的精细化管理和饲喂等方向转变。

6.4.2　中国奶业未来发展建议

"十四五"期间，中国奶业将面临更加严峻的挑战，包括后新冠疫情时代，宏观经济、地缘政治、疫病的不确定性等外部综合因素对产业发展的影响；还包括饲料资源和土地资源短缺、消费需求改变、环境保护压力加大等产业内部影响因素。如何应对挑战，推动中国奶业高质量、可持续健康发展，应做好以下几点：

（1）强化奶源供应能力，保持适度的、可持续的产量增长。制定优质奶源优势产区发展计划，配套实施全国饲草产业发展规划，使奶牛优势产区与饲草饲料规模种植区有效结合。通过持续实施粮改饲和振兴奶业苜蓿发展行动，为奶牛提供优质的饲草饲料，提高奶牛单产水平和原奶质量。

（2）推动原奶生产组织方式创新，保障奶农利益。一方面支持乳品企业扩大自有奶源比例，鼓励奶牛养殖与乳品加工、休闲观光等增值服务结合，延伸产业链，提升价值链。另一方面，鼓励乳品企业与适度规模奶农建立长期利益衔接机制，重点保障中小规模奶农的利益，维持稳定的原奶产能。同时鼓励和扶持中小规模养殖场发展有地方特色的乳制品加工生产和销售，增加原奶的销售和加工渠道。

（3）针对新冠疫情后消费者对健康的关注，以及中国消费者长期存在的乳糖酶缺乏的问题，强化推动乳制品新产品创新和功能开发，生产和推广适合中国消费者的低乳糖或无乳糖乳制品，引导消费者建立正确的乳制品消费观念。

（4）构建多样化乳制品产品体系，推动供给侧改革。从真正为消费者利益和切实需求出发，既要紧跟世界奶业发展的主流方向（比如提高巴氏消毒奶的供应量，控制超高温消毒奶的产量，以及增加酸奶、奶酪的品种和产量），还要扶持符合有关条件的有中国特色的乳制品作坊式生产，利用现代化物流和电商体系进行销售。

（5）尽快修订 2008 年发布的《乳制品质量安全监管条例》。根据过去十多年我国奶业发展的新模式、新技术、新方法和新趋势，以及消费者对国产乳制品的新要求，对条例进行完善和修改，出台适合新发展需求的奶业法规。

参 考 文 献

[1] Deborah Valenze. Milk: A Local and Global History [M]. New Haven: Yale University Press, 2011.

[2] 邰伟东. 世界乳业发展的现状与趋势 [J]. 中国乳业，2004（3）：4-7.

[3] Food and Agriculture Organization of the United Nations. Food Outlook: Biannual Report on Global Food Markets [R]. Rome: FAO, June 2021.

[4] Food and Agriculture Organization of the United Nations. Food Outlook - Biannual Report on Global Food Markets [R]. Rome: FAO, November 2021.

[5] 农业农村部畜牧兽医局，全国畜牧总站. 中国畜牧兽医统计2020 [M]. 北京：中国农业出版社，2021.

[6] Diary Australia. THE AUSTRALIAN DAIRY INDUSTRY IN FOCUS 2021 [R]. Southbank VIC: Dairy Australia Limited, Nov 2021.

[7] Diary Australia. Market Brief: China [R]. Southbank VIC: Dairy Australia Limited, Mar 2021.

[8] 李竞前，马莹，卫琳. 新西兰奶业发展现状及对我国奶业的启示 [J]. 中国奶牛，2018（9）：46-48.

[9] LIC, DairyNZ. New Zealand Dairy Statistics 2019 - 20 [R]. Hamilton: Livestock Improvement Corporation Limited & DairyNZ Limited, 2020.

[10] USDA Foreign Agricultural Service. Dairy: World Markets and Trade [R]. Washington, DC: USDA FAS, Dec 2020.

[11] New Zealand Goverment Ministry for Primary Industries. Situation and Outlook for Primary Industries [R]. Wellington: Economic Intelligence Unit (Ministry for Primary Industries), June 2021.

[12] 加拿大奶产业合作组织运行管理培训团. 加拿大奶业组织的管理与服务——加拿大奶产业合作组织运行管理情况考察报告(二)[J]. 中国乳业，2015（11）：31-36.

[13] 方有生. 加拿大奶业管理的配额制度 [J]. 中国奶牛，2004（1）：53-54.

[14] 闵贞，刘玉满. 印度的奶业合作社与乳品市场 [J]. 中国牧业通讯，2011（8）：51-54.

[15] 黄正多. 浅析印度的奶业合作社 [J]. 生产力研究，2008（12）：101-102，135，173.

[16] Foreign Agricultural Service (USDA). India: Dairy and Products Annual [R]. New Delhi: FAS (USDA), November 04, 2020.

[17] 付太银，齐树河，方雨彬，等. 印度奶业发展现状及分析 [J]. 中国畜牧业，2020

(18)：52 - 54.

[18] Government of Pakistan Finance Division. Pakistan Economic Survey 2017 - 18 ［R］. Islamabad (Pakistan)：Printing Corporation of Pakistan Press，2018.

[19] Abid A. Burki, Mushtaq A. Khan. ECONOMIC IMPACT OF PAKISTAN'S DAIRY SECTOR：LESSONS FOR BUILDING SUSTAINABLE VALUE ［R］. Lahore (Pakistan)：Lahore University of Management Sciences (LUMS)，October 2019.

[20] 周振峰，谷继承，王加启，等．阿根廷奶业发展概况 ［J］．中国奶牛，2011（17）：29 - 32.

[21] 刘希良，张和平．中国乳业发展史概述 ［J］．中国乳品工业，2002（5）：162 - 166.

[22] 朱明玉．为中国养奶牛的阳早和寒春 ［N/OL］．学习时报，2021 - 12 - 10（A7）．http：//paper. cntheory. com/html/2021 - 12/10/nw. D110000xxsb_20211210_1 - A7. htm.

[23] 朱干舟．迁徙的印欧人 ［J］．新知客，2006（9）：100 - 105.

[24] ［美］马文 哈里斯．好吃：食物与文化之谜 ［M］．叶舒宪，户晓辉，译．济南：山东画报出版社，2001.

[25] 李洋洋，刘捷曾，超美．婴幼儿乳糖不耐受研究进展 ［J］．中国生育健康杂志，2019,30（2）：192 - 195.

[26] 普华永道．美国乳制品行业面临的困境：长期趋势，以及对中国乳业的启示 ［R/OL］．普华永道，2020. https：//www. pwccn. com/zh/food - supply/publications/difficult - times - for - us - dairy - oct2020. pdf

[27] 刘成果．中国奶业史 ［M］．北京：中国农业出版社，2013.

[28] 中国奶业协会，农业农村部奶及奶制品质量监督检验测试中心（北京）：中国奶业质量报告（2021）［M］．北京：中国农业科学技术出版社，2021.

[29] Food and Agriculture Organization of the United Nations. DAIRY MARKET REVIEW ［R］. Rome：FAO, July 2020.

[30] Christina Adams, Melanie Lieberman, Isabella Maluf, and Roberto Uchoa de Paula. How the COVID - 19 pandemic has changed dairy preferences among US consumers ［R/OL］. Mckinsey & Company, May 2021. https：//www. mckinsey. com/industries/agriculture/our - insights/how - the - covid - 19 - pandemic - has - changed - dairy - preferences - among - us - consumers.

[31] Food and Agriculture Organization of the United Nations. DAIRY MARKET REVIEW ［R］. Rome：FAO, December 2020.

[32] OECD/FAO（2021），OECD - FAO Agricultural Outlook 2021 - 2030 ［R］. Paris：OECD Publishing, 2021.

[33] EC（2020），EU agricultural outlook for markets, income and environment, 2020 - 2030. Brussels：European Commission, DG Agriculture and Rural Development, 2020.

[34] Diary Australia. DAIRY SITUATION AND OUTLOOK ［R］. Southbank VIC：Dairy Australia Limited, SEPTEMBER 2021.